Chemie.

Über die Glyceride des Chaulmugraöles.

Inaugural-Dissertation zur Erlangung der philosophischen Doktorwürde der Philosophischen und Naturwissenschaftlichen Fakultät der Westfälischen Wilhelms-Universität zu Münster in Westfalen.

Vorgelegt von

Horst Engel
aus Tilsit.

Springer-Verlag Berlin Heidelberg GmbH 1929

Dekan: Herr Professor Dr. v. Salis.

Referent: Herr Professor Dr. Bömer.

Tag der mündlichen Prüfung: 3. Juni 1927.

ISBN 978-3-662-39184-6　　ISBN 978-3-662-40179-8 (eBook)
DOI 10.1007/978-3-662-40179-8

Über die Glyceride des Chaulmugraöles.

Die bisherigen Untersuchungen über das Chaulmugraöl befassen sich im wesentlichen mit seiner Herkunft, seinen toxischen Eigenschaften und der besonderen Natur seiner Fettsäuren. Als Stammpflanzen[1]) sind verschiedene Arten der Gattung Hydnocarpus aus der Familie der Flacourtiaceae anzusehen. Es ist festgestellt, daß die toxische Wirkung nicht durch einen Gehalt an blausäurehaltigen Glykosiden, Alkaloiden oder sonstigen organischen und anorganischen Giften hervorgerufen wird[2]), sondern an die eigenartigen Fettsäuren des Öles gebunden ist[3]).

Die Eigenart dieser Fettsäuren besteht bekanntlich darin, daß sich in ihrem Molekül ein Kohlenstoff-Fünfring befindet, der für diese Säuren ganz spezifische physikalischchemische Eigenschaften[4]) zur Folge hat, die von denjenigen der bekannten Fettsäuren stark abweichen. Nebenstehende Formel zeigt die chemische Struktur der Chaulmugrasäure. Das fettgedruckte Kohlenstoffatom ist asymmetrisch; infolgedessen sind die Säuren optisch aktiv. Sie drehen die Ebene des polarisierten Lichtes stark nach rechts. Die Refraktion wird durch den Ring erhöht. Die Säuren sind vom allgemeinen Typus $C_nH_{2n-4}O_2$, sind also isomer der Linolsäure-Reihe. Sie besitzen jedoch nur eine Doppelbindung, und diese wirkt, im

---

[1]) F. B. Power u. F. H. Gornall, Journ. Chem. Soc. London 1904, **85**, 838. — F. B. Power u. M. Barrowcliff, Journ. Chem. Soc. London 1905, **87**, 884. — K. Lenderich u. E. Koch, Diese Zeitschrift 1911, **22**, 441.

[2]) H. Thoms u. Fr. Müller, Diese Zeitschrift 1911, **22**, 226. — L. Schwarz, Diese Zeitschrift 1911, **22**, 452.

[3]) Im Jahre 1910 brachte bekanntlich eine Margarine-Fabrik verschiedene Margarinesorten wie „Backa", „Frischer Mohr" und „Luisa" in den Handel, nach deren Genuß erhebliche Vergiftungserscheinungen zu beobachten waren. Nachforschungen ergaben, daß zur Herstellung der Margarine Chaulmugraöl verwendet worden war. Es konnte durch diese Untersuchungen die bis dahin unbekannte Tatsache festgestellt werden, daß die giftig wirkende Substanz das Chaulmugraöl selbst ist und daß es im besonderen die darin enthaltenen Fettsäuren sind, deren auffallende Struktur ganz offenbar die physiologisch ungünstige Wirkung auf den Organismus hervorruft.

[4]) F. B. Power u. F. H. Gornall, Journ. Chem. Soc. 1904, **85**, 851. — F. B. Power u. M. Barrowcliff, Daselbst 1907, **91**, 557. — R. L. Shriner u. R. Adams, Journ. Amer. Chem. Soc. 1925, **47**, 2727.

Gegensatz zu den bekannten Fettsäuren, wie z. B. der Ölsäure, nur wenig erniedrigend auf den Schmelzpunkt ein. Bei der Hydrierung[1]) entstehen die entsprechenden gesättigten Ringsäuren, deren Schmelzpunkte nur 2—3⁰ höher liegen. Dabei geht die Asymmetrie des Moleküls und somit auch die optische Aktivität verloren.

Gefunden sind bisher zwei Säuren dieser Art, deren Eigenschaften zusammen mit denjenigen der entsprechenden Dihydro-Säuren in der Tabelle 1 kurz zusammengestellt sind.

Tabelle 1.

Eigenschaften	Chaulmugrasäure $C_{18}H_{32}O_2$	Dihydro-chaulmugrasäure $C_{18}H_{34}O_2$	Hydnocarpussäure $C_{16}H_{28}O_2$	Dihydro-hydnocarpussäure $C_{16}H_{30}O_2$
Schmelzpunkt	68—69⁰	71—72⁰	60⁰	62—63⁰
$[\alpha]_D$	+ 62⁰	0	+ 70⁰	0
Jodzahl	90,5	0	100,6	0
Säurezahl	200,1	198,9	222,3	220,8
Mol.-Gewicht	280,3	282,3	252,3	254,3

Schon nach den Untersuchungen von Power und Gornall[2]) war anzunehmen, daß die Fettsäuren an Glycerin gebunden vorkommen. Es gelang ihnen, das Glycerin nachzuweisen.

Da über die Glyceride des Öles aber nichts bekannt ist, war es wünschenswert, eine Untersuchung auch in dieser Richtung vorzunehmen.

I. Untersuchung der Glyceride des Chaulmugraöles.

Das untersuchte Öl[3]) bildete eine bei Zimmer-Temperatur weiche Masse von körniger Struktur. Die hellgelbe Farbe verwandelte sich beim Schmelzen in eine dunkel-goldgelbe. Das geschmolzene Öl zeigte eine starke Fluorescenz. Der Geruch war süßlich ranzig. Es wurde beobachtet, daß bei langsamem Erwärmen ein geringer Anteil sich schwerer verflüssigte. Dieser war in Form von vielen hellen Kügelchen in der Flüssigkeit verteilt. Bei stärkerem Erwärmen verschwanden auch diese. Das warme flüssige Fett wurde durch Glaswolle filtriert. Die Kennzahlen waren folgende:

Tabelle 2.

Spezifisches Gewicht	0,9550	Verseifungszahl	199,5
Schmelzpunkt	22—23⁰	Säurezahl	28,8
Refraktometerzahl (25⁰) . . .	82,0	Jodzahl	97,1
Spezifische Drehung $[\alpha]_D$ . .	+ 56,2⁰		

Bei Bestimmung der Verseifungszahl nahm die alkalische Lösung der entstehenden Seifen eine beträchtliche Braunfärbung an, wodurch die Titration erschwert wurde. Das Fett enthielt ferner 0,8 % einer Kalkseife, die infolge ihrer Unlöslichkeit in Äther leicht entfernt werden konnte.

Krystallisation und fraktionierte Lösung des Öles.

Es wurde versucht, das Chaulmugraöl nach dem bekannten Verfahren der fraktionierten Lösung aufzuteilen, um auf diese Weise zu reinen Glyceriden zu gelangen. Als

---
[1]) R. L. Shriner u. R. Adams, Journ. Amer. Chem. Soc. 1925, **47**, 2727.
[2]) F. B. Power u. F. H. Gornall, Journ. Chem. Soc. 1904, **85**, 838.
[3]) Das Öl wurde von der Firma J. F. Madan in Calcutta im Herbst 1925 bezogen.

Lösungsmittel erwies sich Aceton als am geeignetsten und als Krystallisationstemperaturen solche von 0° und darunter. Bei höheren Temperaturen fanden nur ölige Abscheidungen statt. Angewendet wurde 1 kg Öl, welche Menge zunächst durch fraktionierte Krystallisation in 6 Teile zerlegt wurde. Die weitere Aufteilung dieser Fraktionen erfolgte durch fraktionierte Lösung[1]). Nach dem ersten Lösungsgange ließen sich durch Entsäuern 105 g = 10,5% freie Fettsäuren abscheiden.

Im Laufe des Lösungsganges traten ständig braungefärbte unlösliche Substanzen auf, von denen häufig abfiltriert werden mußte. Trotzdem die ersten Abscheidungen in einer Kältemischung vorgenommen wurden, fand Ölabscheidung neben fester Krystallisation statt, eine Erscheinung, die sich auch durch Zugabe von Äther nicht verhindern ließ. Die höher schmelzenden Fraktionen zeigten dieses Verhalten nicht mehr. Auch die Filtration der niedrig schmelzenden ersten Fraktionen gestaltete sich schwierig, da sich beim Absaugen erhebliche Mengen der ausgefallenen Glyceride wieder auflösten und mit durch das Filter gerissen wurden. Beide Umstände verursachten die große Substanzansammlung in den Mutterlaugen.

Der zweite Lösungsgang bot dieselben Schwierigkeiten. Bei der Wiederaufteilung der Sammelfraktionen zeigte die größte Gewichtsmenge Schmelzpunkte, die unter denen der Sammelfraktionen lagen; nur bei einem geringen Anteil lag der Schmelzpunkt höher; im übrigen wurde bei dem unlöslichsten Anteil nur der Fraktionsschmelz gerade noch erreicht. Offenbar war das gesamte Schmelzpunktsniveau der Glyceride ständig im Sinken begriffen.

Beim dritten Lösungsgang verstärkte sich diese Erscheinung. Ständig neu entstehend, trat die braune, ölige Substanz auf, die wahrscheinlich den Schmelzpunkt der Glyceride beeinflußte. Einige der letzten Fraktionen waren gänzlich verändert. Die Vermutung, daß die störende Substanz eine Kalkseife sei, erwies sich als irrig.

Charakteristisch war, daß keine der erhaltenen Fraktionen noch die hohe spezifische Drehung des Ausgangsfettes besaß. Während die Mutterlauge im 100 mm-Rohr + 47,5° zeigte, lagen die Werte der Endfraktionen bei + 23° bis + 25° und die Zwischenglieder fielen langsam zu diesen Werten ab. Die durch Entsäuern erhaltenen freien Fettsäuren hatten eine spezifische Drehung von + 53°. Die optische Aktivität des Gesamtfettes war also gesunken. Auch die Jodzahl hatte sich erniedrigt. Während sie bei der Mutterlauge unverändert geblieben war, zeigten die folgenden Fraktionen allmählich bis auf 56 fallende Werte. Die Verseifungszahlen lagen umgekehrt wesentlich höher. Bei ihnen trat ein Anstieg auf 207,6 bei der Mutterlauge und auf 238,4 bei der Endfraktion ein. Infolge der dunklen Verfärbung bei der Verseifung war die Titration schwer durchzuführen. Auch bei der kalten Verseifung nach Henriques[2]) machte sich die außergewöhnlich starke Verfärbung bemerkbar. Die den Verseifungszahlen entsprechenden Säurezahlen standen in keinem erklärlichen Verhältnis zueinander; sie waren zum Teil niedriger. Diese Erscheinungen dürften in der leichten Oxydierbarkeit der zyklischen Fettsäuren ihre Erklärung finden. Der Sauerstoff wird angelagert unter Bildung von Oxyfettsäuren, und dabei kann die optische Aktivität herabgedrückt werden[3]). Hiermit steht die beobachtete Erniedrigung der

---

[1]) Vergl. A. Bömer, Diese Zeitschrift 1907, **14**, 90 u. 1909, **17**, 353.

[2]) Zeitschr. angew. Chemie 1895, 721.

[3]) F. B. Power (Journ. Chem. Soc. 1907, **91**, 557) erhielt durch Oxydation eine α- und eine β-Dioxy-dihydro-chaulmugrasäure. Die α-Säure zeigte eine spezifische Drehung von + 11,6°, während die β-Form eine solche von — 14,2° aufwies.

Jodzahl und die Erhöhung der Verseifungszahl in Einklang. Eine weitere Stütze für die Annahme „hydroxylierter" Zersetzungsprodukte ist das ständige Auftreten petroläther-unlöslicher brauner Substanzen. Danach waren die Endfraktionen besonders stark verändert, was leicht erklärlich ist, da diese am häufigsten umkrystallisiert und somit der Luft am meisten ausgesetzt waren.

Der Versuch, ungesättigte flüssige Fettsäuren nach Farnsteiner[1]) nachzuweisen, verlief ergebnislos. Besondere Schwierigkeiten machten hierbei die schmutzigbraunen Massen der Oxybleiseifen. Die fraktionierte Fällung der Säuren mittels Magnesium- oder Bariumacetats scheiterte ebenfalls an den braunen Beimengungen.

Durch Behandeln sowohl der Glyceride als auch der freien Fettsäuren mit Petroläther ließen sich die Zersetzungsprodukte, soweit sie gefärbt waren, entfernen, indem sie darin unlöslich waren, während ein farbloser Anteil in Lösung ging. Jedoch auch dieser farblose Anteil bot bei der weiteren Untersuchung Schwierigkeiten. Er zeigte zwar bei den in dieser Richtung untersuchten Fraktionen erheblich tiefere Verseifungszahlen, zu denen die entsprechenden Säurezahlen im normalen Verhältnis standen, und auch Jodzahl und optische Aktivität lagen höher, aber die Oxydation erzeugte im Laufe der weiteren Bearbeitung immer neue störende Zersetzungsprodukte. So trat z. B. bei der Verseifung wiederum die starke Verfärbung der Seifen auf. Von einer weiteren Bearbeitung der Fraktionen wurde deshalb abgesehen. Erst durch die Härtung konnte das Öl vor den oxydativen Veränderungen geschützt werden.

II. Untersuchung der Glyceride des gehärteten Chaulmugraöles.

Als Katalysator für die Hydrierung diente kolloidales Palladium auf Kieselgur mit einem Gehalte von 1 % Palladium. Von dieser Katalysatormasse wurden 10 g zu 100 g Öl gegeben, entsprechend 0,1 % Palladium. Durch den dreifach durchbohrten Korken des weithalsigen 400 ccm-Kolbens ging ein bis in das Fett eintauchendes Thermometer, ein bis zum Boden des Kolbens reichendes Zuleitungsrohr für den Wasserstoff und ein Ableitungsrohr. Als Wasserstoffquelle diente in einer Bombe komprimierter, elektrolytischer Wasserstoff. Zwecks Reinigung wurde dieser durch eine Waschflasche mit Kaliumpermanganatlösung und eine weitere mit konzentrierter Schwefelsäure geleitet.

Als Heizquelle diente ein auf 170 bis 200° erhitztes Ölbad. Es wurde ein kräftiger Gasstrom durch das zu härtende Öl geleitet, der die Fettmasse in lebhafter Bewegung erhielt und die Palladium-Kieselgur ständig gleichmäßig verteilte.

Tabelle 3 zeigt den Gang der Hydrierung.

Tabelle 3.

Härtungszeit	Refraktometerzahl bei 25°	Jodzahl	Spez. Drehung $[\alpha]_D$	Härtungszeit	Refraktometerzahl bei 40°	Jodzahl	Spez. Drehung $[\alpha]_D$
0 Stdn.	82,2	97,1	$+56,2°$	17 Stdn.	65,8	24,5	—
2 „	82,0	—	—	23 „	64,7	13,8	$0°$
4 „	81,5	84,5	$0°$	27 „	63,5	9,8	—
6 „	80,4	—	—	31 „	63,3	7,9	—
9 „	79,0	—	—	40 „	63,0	5,0	—
12 „	75,1	36,0	$0°$	45 „	62,8	4,4	$0°$

[1]) Diese Zeitschrift 1898, **1**, 390.

Der Fortschritt der Hydrierung ist an den fallenden Refraktometer- und Jodzahlen erkennbar; sie verlief sehr langsam. Dagegen war die optische Aktivität schon nach verhältnismäßig kurzer Zeit verschwunden.

Die Reaktionsmasse löste sich leicht in Benzol. Vom Katalysator wurde abgesaugt und daraufhin das Lösungsmittel abdestilliert. Das Fett erstarrte bei Zimmertemperatur zu einer hellbraunen, harten, homogenen Masse. **Auffallenderweise war aber der Schmelzpunkt nur wenig gestiegen; er lag bei 27 bis 28°.**

Die Hydrierung wurde mit 250 g Öl wiederholt. Die Versuchsanordnung blieb dieselbe. Die angewendete Menge des frisch aufgearbeiteten Katalysators betrug im Gegensatz zur ersten Härtung nur 12,5 g, entsprechend 0,05% Palladium.

Die folgende Tabelle zeigt den Härtungsverlauf:

Tabelle 4.

Härtungszeit	Refraktometerzahl bei 25°	Jodzahl	Spez. Drehung $[\alpha]_D$	Härtungszeit	Refraktometerzahl bei 25°	Jodzahl	Spez. Drehung $[\alpha]_D$
0 Stdn.	82,2	97,1	+56,2°	37 Stdn.	73,5	27,7	—
4 „	82,2	—	0°	40 „	72,4	19,5	—
8 „	80,2	92,0	—	46 „	—	13,2	—
11 „	80,0	—	—	51 „	—	10,9	—
16 „	79,5	—	0°	57 „	—	8,24	—
19 „	78,5	63,7	—		bei 40°		
24 „	77,0	58,4	—	62 „	63,1	5,17	—
27 „	75,3	—	—	70 „	63,0	3,24	—
34 „	74,8	31,0	0°				

Die Härtung verlief abermals äußerst langsam. Die Refraktometer- und Jodzahlen fielen stetig. Wiederum war optische Inaktivität schon nach kurzer Zeit erreicht. Diese auffallende Erscheinung dürfte wohl darauf beruhen, daß die Chaulmugrasäure beim Hydrieren, ähnlich wie die Ölsäure, eine Umlagerung zu einer Iso-Chaulmugrasäure im Sinne der nebenstehenden Formel erfährt, wodurch das asymmetrische Kohlenstoffatom und damit auch die optische

$$\begin{matrix} CH & CH_2 \\ \| & \end{matrix} \!\!\!> CH-(CH_2)_{12}-COOH \\ CH \quad CH_2$$

Aktivität verschwinden würde. Lediglich ein Erhitzen der Chaulmugrasäure auf höhere Temperaturen ändert nach F. B. Power und F. H. Gornall[1]) ihr optisches Drehvermögen nicht.

Die Gesamtausbeute an gehärtetem Fett aus beiden Hydrierungen betrug 335 g. Wie schon erwähnt, ist für das gehärtete Chaulmugraöl der niedrige Schmelzpunkt von 27 bis 28° charakteristisch und demzufolge die geringe Schmelzpunktsdifferenz von nur ungefähr 5° gegenüber dem nichtgehärteten Öle. Dieser geringe Unterschied ist offenbar bedingt durch das gleiche Verhalten der ungesättigten und gesättigten zyklischen Säuren, die, wie schon in Tabelle 1 angeführt, sich ebenfalls nur um 2—3 Grad in den Schmelzpunkten unterscheiden. Danach dürfte die Annahme berechtigt sein, daß im Chaulmugraöl Öl-, Linol- und Linolensäure in nennenswerten Mengen nicht vorhanden sind, da diese Säuren sich beim Hydrieren sämtlich in Stearinsäure verwandeln, wodurch der Schmelzpunkt ganz beträchtlich erhöht werden würde.

---

[1]) Vergl. F. B. Power und F. H. Gornall, Journ. Chem. Soc. 1904, **85**, 838.

Eine weitere charakteristische Eigenschaft ist die hohe Refraktometerzahl von 63,0 bei 40°, oder 70,5 bei 25° (umgerechnet mit dem Temperaturkoeffizienten von im Mittel 0,50 je Grad). Es gibt weder ein natürliches festes noch ein gehärtetes Fett mit einer derartig hohen Refraktion; selbst die meisten flüssigen Fette erreichen diesen Wert nicht. Diese hohe Refraktion findet offenbar ihren Grund in der Ringnatur der Säuren, die durch die Härtung nicht verloren geht.

Nicht nur die hohe Refraktion, sondern auch die geringe Differenz in den Schmelzpunkten des gehärteten und des nichtgehärteten Fettes sowie ganz besonders die hohe opische Aktivität von $+ 56{,}2°$ des natürlichen Öles sprechen gegen das Vorhandensein größerer Mengen inaktiver, ungesättigter Säuren mit offener Kette. Ferner dürfte demnach auch die Gegenwart inaktiver, fester Fettsäuren dieser Art in nennenswerter Menge ausgeschlossen sein [1]). Die Ursache für den niedrigen Schmelzpunkt des gehärteten Öles muß vielmehr anderer Natur sein.

Die Verseifungszahl lag im Mittel mehrerer Bestimmungen bei 201,6 und die Säurezahl der Fettsäuren bei 210,5. Die Verfärbung der alkoholischen Seifenlösung trat auch hier auf, jedoch blieb sie in mäßigen Grenzen, welche die Titration nicht erschwerten.

Fraktionierte Krystallisation des gehärteten Öles. Vor Beginn der fraktionierten Krystallisation wurde das Fett entsäuert. Zu diesem Zwecke wurden 100 g in 500 ccm Äther gelöst und unter Zusatz einiger Tropfen Phenolphthalein so lange mit wässeriger ungefähr 0,1 N.-Natronlauge im Scheidetrichter geschüttelt, bis bleibende Rotfärbung auftrat. Nach Entfernung der wässerigen Seifenlösung wurde die ätherische Lösung noch dreimal mit Wasser gewaschen. Nachdem der Äther abdestilliert war, hinterblieben 92,8 g säurefreies Fett. Die Ausbeute an freien Fettsäuren aus der Seifenlösung betrug 6,9 %; ihr Schmelzpunkt lag bei 47°.

Auch das gehärtete Chaulmugraöl ließ sich am besten aus Aceton bei Temperaturen um 0° und darunter krystallisieren. Die Zugabe von Äther war gleichfalls notwendig, da sonst ölige Abscheidung stattfand. Die folgende Tabelle zeigt den Gang der Krystallisation:

Tabelle 5.

Krystall-Fraktion	Lösungsmittel	Krystallisations-Temperatur	Dauer	Glyceridmenge	Schmelzpunkt
I	600 ccm Aceton	0 bis 1,5°	4 Stdn.	16,3 g	34°
II	150 „ Äther	$-5°$	2½ „	43,5 g	29°
III	Mutterlauge	—	—	31,5 g	24°

1. Fraktionierte Lösung des gehärteten Chaulmugraöles.

Nachdem das säurefreie Fett durch fraktionierte Krystallisation in drei Teile zerlegt war, wurde jeder von diesen der fraktionierten Lösung aus Aceton unterworfen. Wo hierbei ölige Ausscheidungen erfolgten, wurde der Acetonlösung so lange Äther beigegeben, bis die ölige Abscheidung unterblieb. Bevor die drei Fraktionen zur

---

[1]) Wie später (S. 29) gezeigt werden wird, sind feste Säuren dieser Art im gehärteten Öle nur in äußerst kleinen Mengen vorhanden.

Krystallisation gelangten, wurden ihre Lösungen noch von geringen Mengen brauner, schwerlöslicher Substanzen durch Filtration befreit.

Erste fraktionierte Lösung.

Die folgende Tabelle zeigt den Verlauf der ersten fraktionierten Lösung. Die dabei angegebenen Schmelzpunkte beziehen sich immer auf die Glyceride der Mutterlaugen, und zwar auf die aus der Lösung krystallisierten Glyceride. Diese wurden in der Weise gewonnen, daß etwa 1—2 ccm der Mutterlauge auf einem Uhrglase der Verdunstung bei Zimmertemperatur überlassen wurden. In den Fällen, wo gleichzeitig auch eine Schmelzpunktsbestimmung der zu der Mutterlauge gehörenden auskrystallisierten Glyceride gemacht wurde, ist dies besonders angegeben.

Tabelle 6.

Fraktionierte Lösung von I. (16,3 g vom Schmp. 34°.)

Nr. der Krystallisation	Art und Menge des Lösungsmittels ccm	Krystallisations- Temperatur °C	Dauer Stdn.	Glyceride der Mutterlauge Schmelzpunkt °C	Menge g
1	375 Aceton +	0,5—2	2	28,5	3,67
2	125 Äther	0,5—2	2	30,0	1,72
3	300 Aceton +	5	1½	34,5[1])	4,80
4	100 Äther	5	2	37,0	2,10
5	150 Aceton +	1—2,5	2	36,8	0,55
6	50 Äther	1—2,5	2½	39,0[1])	0,72
7	100 Aceton	1—2,5	1½	39,5	0,25
8	„	6	2½	41,0	0,61
9	„	6	2	41,2	0,45
10	„	6	2	42,5	0,39

[1]) Der Schmelzpunkt der auskrystallisierten Glyceride betrug bei Nr. 3: 38,0°, bei Nr. 6: 42,0°.

Fraktionierte Lösung von II. (43,5 g vom Schmp. 29°.)

Nr. der Krystallisation	Art und Menge des Lösungsmittels ccm	Krystallisations- Temperatur °C	Dauer Stdn.	Glyceride der Mutterlauge Schmelzpunkt °C	Menge g
1	600 Aceton +	0—3	2	26,5	27,0
2	200 Äther	0—3	2	28,0	7,25
3	300 Aceton +	0—3	2½	32,7	3,58
4	100 Äther	0—3	1½	35,0	2,22
5	150 Aceton	0—3	2	36,8	1,32
6	„	0—3	2	39,5	0,69

Fraktionierte Lösung von III. (31,5 g vom Schmp. 24°.)

Nr. der Krystallisation	Art und Menge des Lösungsmittels ccm	Krystallisations- Temperatur °C	Dauer Stdn.	Glyceride der Mutterlauge Schmelzpunkt °C	Menge g
1	200 Aceton +	—6	1½	21,0	17,2
2	100 Äther	—3	1½	22,5	7,40
3		4—5	2	27,0	3,01
4		0	3	30,0	3,30

Wie aus dieser Tabelle ersichtlich ist, hat in den ersten Unterfraktionen von II und III eine beträchtliche Substanzansammlung stattgefunden. Diese Erscheinung lag vor allem darin begründet, daß die auskrystallisierten Glyceride während des Absaugens infolge der hohen Außentemperatur rasch wieder zusammenschmolzen und zum Teil durch das Filter gerissen wurden.

Die einzelnen Mutterlaugenfraktionen wurden nun nach Maßgabe ihrer Schmelzpunkte zu den folgenden neun neuen Fraktionen zusammengegeben:

Tabelle 7.

Fraktion Nr.	Schmelzpunkte der Einzelfraktionen °C	Gewicht der neuen Fraktionen g	%
1	21,0—22,5	24,6	27,9
2	26,5—27,0	30,0	34,0
3	28,0—28,5	10,9	12,4
4	30,0	5,0	5,7
5	32,7—35,0	10,6	12,0
6	36,8—37,0	4,0	4,5
7	39,0—39,5	1,7	1,9
8	41,0—41,2	1,1	1,2
9	42,5	0,4	0,4
	Zusammen	88,3	—

Da nicht anzunehmen war, daß irgendwo schon Einheitlichkeit der Glyceride vorhanden war, wurde die fraktionierte Lösung wiederholt.

Zweite fraktionierte Lösung.

Wiederum zeigten sich beim Lösen der neuen Fraktionen geringe Mengen schwerlöslicher, braun gefärbter Substanzen, die abfiltriert wurden. Abgesehen von Fraktion Nr. 9 wurden sämtliche übrigen Fraktionen dem zweiten Lösungsgang unterworfen. Das Lösungsmittel blieb dasselbe wie bei der ersten fraktionierten Lösung. Die Ergebnisse sind in der folgenden Tabelle zusammengestellt:

Tabelle 8.

Fraktionierte Lösung von Nr. 1. (24,6 g vom Schmp. 21—22,5°.)

Nr. der Krystallisation	Art und Menge des Lösungsmittels ccm	Krystallisations- Temperatur °C	Dauer Stdn.	Glyceride der Mutterlauge Schmelzpunkt °C	Menge g
1	200 Aceton + 50 Äther	− 6,0	1	21,0	12,40
2	„	− 5,0	1	23,1	4,86
3	„	0—2	2	26,0	4,90
4	„	0—2	2	27,8	2,43

Fraktionierte Lösung von Nr. 2. (30,0 g vom Schmp. 26,5—27,0°.)

Nr. der Krystallisation	Art und Menge des Lösungsmittels ccm	Krystallisations- Temperatur °C	Dauer Stdn.	Glyceride der Mutterlauge Schmelzpunkt °C	Menge g
1	300 Aceton + 70 Äther	0—2	2	26,3	20,80
2	„	0—2	2	27,7	6,31
3	300 Aceton + 70 Äther	0—2	2	32,0	3,00
4	„	0—2	3	34,5	0,31

Fraktionierte Lösung von Nr. 3. (10,9 g vom Schmp. 28—28,5°.)

Nr. der Krystallisation	Art und Menge des Lösungsmittels ccm	Krystallisations- Temperatur °C	Dauer Stdn.	Glyceride der Mutterlauge Schmelzpunkt °C	Menge g
1	150 Aceton + 25 Äther	0—2	2	26,9	5,51
2	„	0—2	3	28,6	2,57
3	„	0—2	2½	29,7	0,95
4	„	4,5	1½	34,0	1,60
5	„	2,5	2	36,1	0,15

Fraktionierte Lösung von Nr. 4.
(5,0 g vom Schmp. 30⁰.)

Nr. der Krystallisation	Art und Menge des Lösungsmittels	Krystallisations-		Glyceride der Mutterlauge	
		Temperatur	Dauer	Schmelzpunkt	Menge
	ccm	°C	Stdn.	°C	g
1	75 Aceton + 10 Äther	0—2	2½	27,5	2,22
2	„	0—2	3½	28,2	0,81
3	„	0—2	1¾	32,1	1,24
4	„	0—2	2	34,8	0,29

Fraktionierte Lösung von Nr. 5.
(10,6 g vom Schmp. 32,7—35,0⁰.)

1	200 Aceton + 20 Äther	0—2	2	28,9	2,58
2	„	0—2	2	30,5¹)	1,52
3	„	0—2	1½	31,0	0,86
4	„	0—2	2¼	32,4	0,69
5	„	5	1½	34,9	1,14
6	„	0—3	2	35,7	0,76
7	„	0—3	2	36,4	0,36
8	„	0—3	1½	38,5	0,45
9	„	5	2½	39,4	0,70
10	„	5	2	39,5	0,75

Fraktionierte Lösung von Nr. 6.
(4,0 g vom Schmp. 36,8—37,0⁰.)

1	75 Aceton + 15 Äther	0—2	2	32,8	0,70
2	„	0—2	1½	33,1	0,43

Nr. der Krystallisation	Art und Menge des Lösungsmittels	Krystallisations-		Glyceride der Mutterlauge	
		Temperatur	Dauer	Schmelzpunkt	Menge
	ccm	°C	Stdn.	°C	g
3	75 Aceton + 15 Äther	0—2	1½	34,9	0,32
4	„	0—2	1½	35,5	0,19
5	„	6	1½	37,9	0,43
6	„	6	1½	39,8	0,50
7	„	3,5	1½	40,5²)	0,27
8	„	0—3	3	39,9	0,05
9	„	7—8	1½	40,2	0,42

Fraktionierte Lösung von Nr. 7.
(1,7 g vom Schmp. 39,0—39,5⁰.)

1	50 Aceton + 3 Äther	0—2	2	35,9	0,26
2	„	4,0	1½	38,5	0,55
3	„	4,5	1½	39,5	0,46
4	„	6	3½	40,8	0,32

Fraktionierte Lösung von Nr. 8.
(1,1 g vom Schmp. 41,0—41,2⁰.)

1	50 Aceton + 3 Äther	4—5	2½	39,5	0,20
2	„	5	2	40,1	0,28
3	„	7,5	2	42,0	0,56

¹) Schmelzpunkt der zugehörigen auskrystallisierten Glyceride: 36,0⁰.
²) Schmelzpunkt der zugehörigen auskrystallisierten Glyceride: 40,8⁰.

Tabelle 9.

Fraktion Nr.	Schmelzpunkte der Einzelfraktionen	Gewichte der neuen Fraktionen		Fraktion Nr.	Schmelzpunkte der Einzelfraktionen	Gewichte der neuen Fraktionen	
	°C	g	%		°C	g	%
10	21,0	12,4	14,4	17	34,0—34,9	3,7	4,2
11	23,1	4,9	5,6	18	35,0—35,9	1,2	1,4
12	26,0—26,9	31,2	36,2	19	36,0—37,9	0,9	1,1
13	27,0—27,9	10,8	12,5	20	38,0—38,9	1,0	1,2
14	28,0—29,9	6,9	8,0	21	39,0—39,9	2,7	3,1
15	30,0—31,9	2,4	2,8	22	40,0—40,9	1,3	1,5
16	32,0—33,9	6,1	7,0	23	42,0—42,9	1,0	1,1

Zusammen 86,5 | —

Wie bei der ersten fraktionierten Lösung, so wurden auch jetzt die einzelnen Mutterlaugenfraktionen nach Maßgabe ihrer Schmelzpunkte zu neuen Fraktionen zusammengestellt, wie Tabelle 9 (S. 9) zeigt.

Fraktion Nr. **23** setzt sich zusammen aus der Fraktion Nr. **9** der ersten fraktionierten Lösung und der Krystallisation Nr. 3 = 0,56 g der fraktionierten Lösung von Nr. **8** vom zweiten Lösungsgang.

Wie die Tabelle 9 zeigt, hat eine beträchtliche Substanzanhäufung in den Fraktionen Nr. **12** bis **14** stattgefunden. Wenn diese Ansammlung, wie schon beim ersten Lösungsgang geschildert, sich gleichfalls zum Teil auf die hohe Krystallisationstemperatur zurückführen ließ, so konnte doch schon mit Wahrscheinlichkeit angenommen werden, daß an dieser Stelle ein einheitliches Glycerid zu suchen ist. Kleinere Anhäufungen lagen noch bei Fraktion Nr. **10** vom Schmelzpunkt 21,0°, bei den Fraktionen Nr. **16** bis **17** vom Schmelzpunkt 32,0 bis 34,9° und bei Nr. **21** vom Schmelzpunkt 39,0 bis 39,9°. Der Anteil der schwerer löslichen Glyceride war offenbar nur gering.

Die Mengenverteilung der Glyceride des zweiten Lösungsganges ist auf S. 18 graphisch dargestellt. Bei dieser wie auch bei den übrigen Kurven ist der Schmelzpunktsverlauf von Grad zu Grad wiedergegeben; die Kurven stimmen deshalb nicht ganz mit den zugehörenden Tabellen (Nr. 9, 11, 13) überein, bei denen häufiger wegen der geringen Substanzmengen eine Vereinigung von Sammelfraktionen vorgenommen wurde, die sich nur um etwa 1° im Schmelzpunkt unterschieden.

Dritte fraktionierte Lösung.

Außer Fraktion **23** wurden sämtliche neuen Fraktionen einer dritten fraktionierten Lösung unterworfen. Wiederum zeigte sich beim Lösen, wenn auch in nur geringen Mengen, die braune, in Aceton schwer lösliche Substanz. Die Fraktionen, bei denen sie sich zeigte, wurden durch Filtration gereinigt. Die folgende Tabelle zeigt den Gang der dritten fraktionierten Lösung.

Tabelle 10.

Fraktionierte Lösung von Nr. **10**. (12,4 g vom Schmp. 21,0°.)   Fraktionierte Lösung von Nr. **11**. (4,9 g vom Schmp. 23,1°.)

Nr. der Krystallisation	Art und Menge des Lösungsmittels ccm	Krystallisations- Temperatur °C	Krystallisations- Dauer Stdn.	Glyceride der Mutterlauge Schmelzpunkt °C	Glyceride der Mutterlauge Menge °C	Nr. der Krystallisation	Art und Menge des Lösungsmittels ccm	Krystallisations- Temperatur °C	Krystallisations- Dauer Stdn.	Glyceride der Mutterlauge Schmelzpunkt °C	Glyceride der Mutterlauge Menge g
1	100 Aceton + 20 Äther	−6,0	3	20,0	8,42	1	50 Aceton + 15 Äther	−4,0	2	20,9	2,51
2	50 Aceton + 20 Äther	−5,5	2	21,5	1,74	2	„	0	2	22,5	1,67
3	„	0	3	25,1	1,95	3	„	0−2	2	25,2	0,59
						4	„	0−2	2	26,3	0,32

Fraktionierte Lösung von Nr. 12.
(31,2 g vom Schmp. 26,0—26,9°.)

Nr. der Krystallisation	Art und Menge des Lösungsmittels ccm	Krystallisations- Temperatur °C	Dauer Stdn.	Glyceride der Mutterlauge Schmelzpunkt °C	Menge °C
1	100 Aceton + 25 Äther	0—3	2	23,5	7,91
2	„	0—3	2	25,1	8,35
3	„	0—3	2	26,7[1])	4,95
4	„	0—3	3	27,1	3,74
5	„	0—3	2	28,0[1])	1,92
6	„	0—3	2½	28,5	1,78
7	„	0—3	1¾	29,8	0,95
8	„	0—3	1½	31,0	0,51
9	„	0—3	2	32,9	0,67
10	„	0—3	2	35,8	0,63

[1]) Der Schmelzpunkt der zugehörigen auskrystallisierten Glyceride betrug bei Nr. 3 28,5° und bei Nr. 5 33,1°.

Fraktionierte Lösung von Nr. 13.
(10,8 g vom Schmp. 27,0—27,9°.)

	Art und Menge des Lösungsmittels	Temperatur °C	Dauer Stdn.	Schmelzpunkt °C	Menge °C
1	70 Aceton + 15 Äther	0—3	2	26,1	3,34
2	„	0—3	2	26,9	2,36
3	„	0—3	1½	28,0	1,40
4	„	0—3	2	28,6	0,73
5	„	0—3	1	29,0	0,53
6	„	0—3	1½	30,5	0,65
7	„	0—3	1½	30,9	0,23
8	„	0—3	1½	32,4	0,28
9	„	0—3	1½	33,3	0,18
10	„	0—3	2	34,5	0,14
11	„	0—3	1	36,3	0,18
12	„	0—3	1	37,6	0,20

Fraktionierte Lösung von Nr. 14.
(6,9 g vom Schmp. 28,0—29,9°.)

1	65 Aceton + 10 Äther	0—3	2	26,8	1,75
2	„	0—3	2	27,5	1,18
3	„	0—3	2	28,2	0,86
4	„	0—3	2	28,9	0,43
5	„	0—3	1	29,5	0,43
6	65 Aceton + 10 Äther	0—3	1½	29,6	0,35
7	„	0—3	1½	30,4	0,28
8	„	0—3	1½	31,0	0,19
9	„	0—3	1½	31,5	0,22
10	„	0—3	3	32,0	0,18
11	„	0—3	2	34,7	0,18
12	„	0—3	1	35,0	0,16
13	„	0—3	1	35,5	0,17
14	„	6	1½	36,5	0,48

Fraktionierte Lösung von Nr. 15.
(2,4 g vom Schmp. 30,0—31,9°.)

1	50 Aceton + 3 Äther	0—3	2	27,8	0,48
2	„	0—3	2	28,4	0,24
3	„	0—3	1½	29,2	0,32
4	„	0—3	1½	29,9	0,18
5	„	0—3	1½	30,5	0,15
6	„	0—3	2½	31,0	0,11
7	„	0—3	1½	31,4	0,09
8	„	0—3	1½	31,9	0,10
9	„	2	1	32,8	0,16
10	„	0—1	1	33,3	0,05
11	„	4	1½	34,7	0,13
12	„	5	2	37,0	0,23

Fraktionierte Lösung von Nr. 16.
(6,1 g vom Schmp. 32,0—33,9°.)

1	70 Aceton + 15 Äther	0—3	1½	28,7	1,34
2	„	0—3	2	29,4	0,91
3	„	0—3	2	30,0	0,53
4	„	0—3	1½	30,9	0,55
5	„	0—3	1½	31,5	0,33
6	„	0—3	1½	32,4	0,33
7	„	0—3	2½	33,5	0,18
8	„	0—3	1½	34,0	0,18
9	„	0—3	1½	34,8	0,17

Nr. der Krystallisation	Art und Menge des Lösungsmittels	Krystallisations-		Glyceride der Mutterlauge		Nr. der Krystallisation	Art und Menge des Lösungsmittels	Krystallisations-		Glyceride der Mutterlauge	
		Temperatur	Dauer	Schmelzpunkt	Menge			Temperatur	Dauer	Schmelzpunkt	Menge
	ccm	°C	Stdn.	°C	g		ccm	°C	Stdn.	°C	g
10	70 Aceton + 15 Äther	0—3	1	35,9	0,22	2	50 Aceton + 1 Äther	0—3	3	34,1	0,10
11	„	0—3	3	35,5	0,07	3	„	0—3	1½	34,9	0,09
12	„	0—3	1½	37,0	0,11	4	„	0—3	2	35,8	0,07
13	„	0—3	2	37,9	0,14	5	„	9	12	37,4	0,10
14	„	4—5	1½	39,5	0,22	6	„	9	12	37,9	0,12
15	„	8—9	3	40,1	0,45	7	„	10—11	2	40,6	0,32

Fraktionierte Lösung von Nr. 17.
(3,7 g vom Schmp. 34,0—34,9°.)

Fraktionierte Lösung von Nr. 20.
(1,0 g vom Schmp. 38,0—38,9°.)

Nr.	Art und Menge des Lösungsmittels	Temp.	Dauer	Schmp.	Menge	Nr.	Art und Menge des Lösungsmittels	Temp.	Dauer	Schmp.	Menge
1	70 Aceton + 10 Äther	0—3	2	30,7	0,83	1	50 Aceton + 0,5 Äther	0—3	2	35,2	0,13
2	„	0—3	3	31,5	0,44	2	„	0—3	2½	35,8	0,13
3	„	0—3	1½	32,6	0,46	3	„	0—3	1¼	38,0	0,13
4	„	0—3	1½	34,2	0,39	4	„	0—3	3	37,8	0,05
5	„	0—3	2¼	34,9	0,31	5	„	0—3	2	39,9	0,09
6	„	0—3	1½	35,8	0,23	6	„	9	12	39,7	0,05
7	„	0—3	3	36,5	0,16	7	„	12	1½	40,2	0,27
8	„	0—3	2	38,0	0,12						
9	„	0—3	2	39,5	0,07						
10	„	7—8	2	40,1	0,42						

Fraktionierte Lösung von Nr. 21.
(2,7 g vom Schmp. 39,0—39,9°.)

Fraktionierte Lösung von Nr. 18.
(1,2 g vom Schmp. 35,0—35,9°.)

Nr.	Lösungsmittel	Temp.	Dauer	Schmp.	Menge	Nr.	Lösungsmittel	Temp.	Dauer	Schmp.	Menge
1	50 Aceton + 1 Äther	0—3	1½	31,0	0,15	1	70 Aceton + 2 Äther	0—3	2½	37,0	0,39
2	„	0—3	3	32,9	0,08	2	„	0—3	2	37,5	0,20
3	„	0—3	1½	33,4	0,15	3	„	0—3	1½	38,6	0,20
4	„	0—3	2	34,8	0,05	4	„	0—3	2	39,0	0,12
5	„	0—3	2	35,5	0,11	5	„	0—3	1¼	40,0	0,23
6	„	0—3	1¼	36,0	0,08	6	„	0—3	1	40,2	0,21
7	„	0—3	1½	37,0	0,08	7	„	4—5	2	41,4	0,39
8	„	0—3	2½	36,5	0,04	8	„	9—10	12	40,8	0,11
9	„	0—3	1½	38,2	0,05	9	„	10	2	41,0	0,79
10	„	4	2	40,9	0,16						

Fraktionierte Lösung von Nr. 19.
(0,9 g vom Schmp. 36,0—37,9°.)

Fraktionierte Lösung von Nr. 22.
(1,3 g vom Schmp. 40,0—40,2°.)

Nr.	Lösungsmittel	Temp.	Dauer	Schmp.	Menge	Nr.	Lösungsmittel	Temp.	Dauer	Schmp.	Menge
1	50 Aceton + 1 Äther	0—3	2	33,5	0,13	1	50 Aceton + 0,5 Äther	0—3	2	38,5	0,09
						2	„	9	4	40,0	0,50
						3	„	9	12	40,3	0,10
						4	„	10—11	1½	41,9	0,47

Die einzelnen Mutterlaugen-Fraktionen der dritten fraktionierten Lösung wurden wiederum nach Maßgabe ihrer Schmelzpunkte zu den in der nachfolgenden Tabelle verzeichneten neuen Fraktionen zusammengegeben:

Tabelle 11.

Fraktion Nr.	Schmelzpunkte der Einzelfraktionen °C	Gewichte der neuen Fraktionen g	%	Fraktion Nr.	Schmelzpunkte der Einzelfraktionen °C	Gewichte der neuen Fraktionen g	%
24	20,0—21,9	12,7	15,0	31	30,0—31,9	5,4	6,3
25	22,0—23,9	9,6	11,3	32	32,0—33,9	2,8	3,4
26	25,0—25,9	10,9	12,9	33	34,0—35,9	3,7	4,3
27	26,0—26,9	12,7	15,0	34	36,0—37,9	2,6	3,0
28	27,0—27,9	5,4	6,4	35	38,0—39,9	1,1	1,4
29	28,0—28,9	8,7	10,3	36	40,0—42,9	5,4	6,4
30	29,0—29,9	3,7	4,3		Zusammen 84,7		—

Fraktion Nr. 36 setzt sich zusammen aus der Fraktion Nr. 23 der zweiten fraktionierten Lösung und den bei 40,0—41,9° schmelzenden Anteilen des dritten Lösungsganges. Vergleicht man diese Tabelle mit derjenigen der zweiten fraktionierten Lösung, so erkennt man ein Abrücken von Substanz in das Gebiet unterhalb 25° und ein Aufrücken in das oberhalb 40°.

Die Einheitlichkeit der Glyceride war nach dem dritten Lösungsgang noch keineswegs gewährleistet. Wie die Zerlegung der Fraktionen Nr. 10—22 in Tabelle 10 zeigt, ließen sich diese Fraktionen, wie aus den Schmelzpunkten der neuen Einzelfraktionen hervorgeht, noch erheblich aufteilen, auch dort, wo einheitliche Glyceride zu vermuten waren. Die fraktionierte Lösung wurde deshalb ein viertes Mal wiederholt.

Vierte fraktionierte Lösung.

Um die infolge der hohen Außentemperatur eintretende rasche Verflüssigung der Glyceride beim Absaugen zu verhindern, wurde bei der vierten fraktionierten Lösung mit einem Eistrichter gearbeitet. Sämtliche neuen Fraktionen, Nr. 24 bis 36, wurden nochmals aufgeteilt. Die angegebene Menge Äther in den folgenden Tabellen bezieht sich auf die jedesmalige erste Krystallisation. Bei den folgenden Krystallisationen wurde das durch Destillation wiedergewonnene Gemenge von Aceton-Äther als Lösungsmittel benutzt und dann tropfenweise soviel Äther hinzugefügt, bis eine ölige Abscheidung unterblieb und die Glyceride in fester Form auskrystallisierten. Von der braunen Substanz, offenbar einem ständig sich bildenden Zersetzungsprodukte, mußte wiederum bei den meisten Fraktionen abfiltriert werden.

Die Ergebnisse der vierten fraktionierten Lösung sind folgende[1]:

---

[1] Die Summe der in dieser Tabelle angegebenen Mengen der Glyceride der Mutterlaugen der Unterfraktionen übersteigt bei einzelnen fraktionierten Lösungen die Gewichtsmenge der Ausgangssubstanz. Diese Unstimmigkeit dürfte darauf zurückzuführen sein, daß beim Trocknen der Unterfraktionen an der Luft das Lösungsmittel nicht immer vollkommen entfernt wurde.

Tabelle 12.

Fraktionierte Lösung von Nr. 24.
(12,7 g vom Schmp. 20,0—21,9°.)

Nr. der Krystallisation	Art und Menge des Lösungsmittels ccm	Krystallisations-		Glyceride der Mutterlauge	
		Temperatur °C	Dauer Stdn.	Schmelzpunkt °C	Menge g
1	50 Aceton + 20 Äther	−5	2	16,0	6,37
2	„	−4	2	18,9	2,04
3	„	−6	1½	20,2	2,10
4	„	−6	3	24,0	0,88
5	„	0	3	26,5	1,12

Fraktionierte Lösung von Nr. 25.
(9,6 g vom Schmp. 22,0—23,9°.)

1	50 Aceton + 20 Äther	−6	2	19,8	2,09
2	„	−3	2	21,5	0,95
3	„	−4	1½	22,8	1,30
4	„	−4	3	24,5	1,15
5	„	0	2½	26,2	1,02
6	„	4−5	2¾	27,0	1,41
7	„	0−3	2	28,1	0,53
8	„	5	3	28,3	0,47

Fraktionierte Lösung von Nr. 26.
(10,9 g vom Schmp. 25,0—25,9°.)

1	50 Aceton + 20 Äther	0−3	2	23,2	3,71
2	„	0−3	2	24,5	2,14
3	„	0−3	6	25,3	1,26
4	„	0−3	12	26,0	0,87
5	„	0−3	1½	26,7	0,86
6	„	0−3	1½	27,9	0,71
7	„	5	1½	28,8	1,27
8	„	6	1½	29,5	0,10

Fraktionierte Lösung von Nr. 27.
12,7 g vom Schmp. 26,0—26,9°.)

1	50 Aceton + 30 Äther	0−3	6	23,1	1,07
2	„	0−3	1½	23,9	2,54
3	„	0−3	1½	26,0	2,82
4	50 Aceton + 30 Äther	0−3	1½	27,1	1,70
5	„	0−3	1½	27,8	2,07
6	„	0−3	12	28,5	0,59
7	„	0−3	1½	29,1	0,37
8	„	0−3	1½	28,5	0,34
9	„	0−3	1½	29,8	0,22
10	„	0−3	1½	30,4	0,25
11	„	4−5	2½	31,5	0,29
12	„	2−4	2½	33,0	0,32

Fraktionierte Lösung von Nr. 28.
(5,4 g vom Schmp. 27,0—27,9°.)

1	50 Aceton + 8 Äther	0−3	6	24,9	1,09
2	„	0−3	1½	27,3	1,94
3	„	0−3	1½	27,9	1,00
4	„	0−3	1½	28,2	0,37
5	„	0−3	1½	28,6	0,35
6	„	4−5	2	29,7	0,47
7	„	5	2	31,5	0,34

Fraktionierte Lösung von Nr. 29.
(8,7 g vom Schmp. 28,0—28,9°.)

1	50 Aceton + 15 Äther	0−3	2	27,0	2,05
2	„	0−3	1½	27,3	1,69
3	„	0−3	1½	27,9	1,00
4	„	0−3	1½	28,2	0,84
5	„	0−3	1½	28,8	0,65
6	„	5−7	2	29,0	0,53
7	„	0−3	1½	29,5	0,28
8	„	7−8	1½	30,4	0,58
9	„	0−3	2	31,2	0,11
10	„	3−4	2	32,0	0,19
11	„	7	2¼	33,9	0,45

— 15 —

Fraktionierte Lösung von Nr. 30.
(3,7 g vom Schmp. 29,0—29,9°.)

Nr. der Krystallisation	Art und Menge des Lösungsmittels ccm	Krystallisations- Temperatur °C	Krystallisations- Dauer Stdn.	Glyceride der Mutterlauge Schmelzpunkt °C	Glyceride der Mutterlauge Menge g
1	50 Aceton + 5 Äther	0—3	2	27,0	0,57
2	„	0—3	1½	27,5	0,55
3	„	0—3	1½	28,3	0,38
4	„	0—3	1½	28,9	0,45
5	„	0—3	1½	29,3	0,32
6	„	5	2	30,5	0,52
7	„	1—4	1½	31,4	0,29
8	„	0—3	1½	32,6	0,18
9	„	4	2	34,2	0,36

Fraktionierte Lösung von Nr. 31.
(5,4 g vom Schmp. 30,0—31,9°.)

Nr.	Lösungsmittel	Temp. °C	Dauer Stdn.	Schmp. °C	Menge g
1	50 Aceton + 12 Äther	0—3	1½	27,6	0,59
2	„	0—3	2½	28,4	0,50
3	„	0—3	2½	28,9	0,41
4	„	4	1½	29,9	0,52
5	„	0—3	2	30,3	0,27
6	„	0—3	2½	30,9	0,36
7	„	0—3	1½	31,4	0,29
8	„	0—3	2	32,0	0,25
9	„	5—8	2	34,1	0,65
10	„	5—8	2	35,8	0,39

Fraktionierte Lösung von Nr. 32.
(2,8 g vom Schmp. 32,0—33,9°.)

Nr.	Lösungsmittel	Temp. °C	Dauer Stdn.	Schmp. °C	Menge g
1	50 Aceton + 5 Äther	0—3	1½	28,2	0,36
2	„	0—3	2½	29,4	0,25
3	„	3—4	1½	30,5	0,34
4	„	3—4	1½	31,5	0,38
5	„	0—3	2½	31,9	0,15
6	„	0—3	2½	32,5	0,17
7	„	8	2	35,0	0,56
8	„	6—9	2	37,1	0,41

Fraktionierte Lösung von Nr. 33.
(3,7 g vom Schmp. 34,0—35,9°.)

Nr.	Lösungsmittel	Temp. °C	Dauer Stdn.	Schmp. °C	Menge g
1	50 Aceton + 6 Äther	0—3	2	29,5	0,34
2	„	3—4	2½	31,2	0,46
3	„	4—5	1¾	32,0	0,27
4	„	0—3	1½	32,6	0,31
5	„	0—3	2	33,1	0,16
6	„	6	1½	33,8	0,33
7	„	6—7	1½	34,1	0,32
8	„	8	2	35,0	0,42
9	„	4—6	1½	35,8	0,23
10	„	6	1½	37,1	0,25
11	„	0—3	2	38,0	0,15
12	„	0—3	2	38,6	0,12
13	„	9—10	1½	40,0	0,46

Fraktionierte Lösung von Nr. 34.
(2,6 g vom Schmp. 36,0—37,9°.)

Nr.	Lösungsmittel	Temp. °C	Dauer Stdn.	Schmp. °C	Menge g
1	50 Aceton + 5 Äther	0—3	2	32,2	0,41
2	„	0—3	2	33,2	0,33
3	„	0—3	1¾	33,9	0,22
4	„	0—3	2	34,8	0,27
5	„	0—3	2	35,5	0,18
6	„	0—3	1½	36,0	0,25
7	„	5	2	37,8	0,31
8	„	6	2	38,7	0,25
9	„	4	2	40,5	0,13
10	„	7—8	1½	41,0	0,22
11	„	6	1½	41,4	0,18

Fraktionierte Lösung von Nr. 35.
(1,1 g vom Schmp. 38,0—39,9°.)

Nr.	Lösungsmittel	Temp. °C	Dauer Stdn.	Schmp. °C	Menge g
1	50 Aceton + 2 Äther	0—3	2	35,1	0,28
2	„	0—3	2	35,8	0,07
3	„	4—5	2	37,0	0,12
4	„	6	1¾	38,1	0,17

Nr. der Krystallisation	Art und Menge des Lösungsmittels ccm	Krystallisations- Temperatur °C	Menge g	Glyceride der Mutterlauge Schmelzpunkt °C	Menge g	Nr. der Krystallisation	Art und Menge des Lösungsmittels ccm	Krystallisations- Temperatur °C	Menge g	Glyceride der Mutterlauge Schmelzpunkt °C	Menge g
5	50 Aceton + 2 Äther	5	1½	40,0	0,14	8	75 Aceton + 40 Äther	4	2	41,5	0,31
6	„	8—9	1½	41,2	0,32	9	„	5—6	2	41,9[2])	0,23
7	„	9—10	1½	41,8	0,30	10	„	13—14	1½	41,3	0,31
						11	„	11	2	41,9	0,19
						12	„	12—13	1¼	43,1	0,24
						13	„	15	2	45,0	0,30
						14	„	14	2	47,3[2])	0,27
						15	„	14	2	50,0	0,10
						16	„	15	1½	55,0	0,11

Fraktionierte Lösung von Nr. 36.
(5,4 g vom Schmp. 40,0—42,9°.)

Nr.	Art und Menge des Lösungsmittels	Temperatur °C	Menge g	Schmelzpunkt °C	Menge g
1	75 Aceton + 18 Äther	0—3	2	35,0	0,36
2	„	4—5	1½	38,5	0,45
3	„	5	1½	39,4	0,64
4	„	0—3	2	40,0	0,18
5	75 Aceton + 40 Äther	9	1½	40,4	1,30
6	„	0—3	1½	41,0[1])	0,15
7	„	5	1½	41,2	0,51

[1]) Der Schmelzpunkt der zugehörigen auskrystallisierten Glyceride betrug 42,5°.

[2]) Die Schmelzpunkte der zugehörigen auskrystallisierten Glyceride betrug bei Nr. 9 44,5° und bei Nr. 14 53,6°.

Betrachtet man den Verlauf der Schmelzpunkte der einzelnen Unterfraktionen, der ein Maßstab für deren Reinheit ist, so erkennt man an der noch immer erheblichen Aufteilung in tiefer und höher schmelzende Anteile, daß die Einheitlichkeit der Glyceride an keiner Stelle des Lösungsganges eine deutliche ist. Bei den Schmelzpunkten 26—30° und 40—42° hielten sich die Schmelzpunkte der Krystallisationen längere Zeit auf, und es scheint demnach dort die Reinheit am größten zu sein.

Die einzelnen Mutterlaugen-Fraktionen der vierten fraktionierten Lösung wurden gleichfalls nach Maßgabe der Schmelzpunkte ihrer aus Lösung krystallisierten Glyceride, und zwar in diesem Falle von Grad zu Grad, zu den folgenden neuen Fraktionen zusammengegeben. Gleichzeitig wurde das erhaltene Bild graphisch dargestellt (S. 18), wodurch die Glyceridansammlungen und damit die Stellen, wo reine Glyceride zu vermuten waren, wesentlich deutlicher zur Geltung kommen als in der folgenden Tabelle.

Tabelle 13.

Fraktion Nr.	Schmelzpunkte der Einzelfraktionen °C	Gewichte der neuen Fraktionen g	%	Fraktion Nr.	Schmelzpunkte der Einzelfraktionen °C	Gewichte der neuen Fraktionen g	%
37	16,0—16,9	6,4	7,7	40	20,0—20,9	2,1	2,5
38	18,0—18,9	2,0	2,5	41	21,0—21,9	1,0	1,1
39	19,0—19,9	2,1	2,5	42	22,0—22,9	1,3	1,6

Fraktion Nr.	Schmelzpunkte der Einzelfraktionen ° C	Gewichte der neuen Fraktionen		Fraktion Nr.	Schmelzpunkte der Einzelfraktionen ° C	Gewichte der neuen Fraktionen	
		g	%			g	%
43	23,0—23,9	7,3	8,8	55	35,0—35,9	2,5	3,0
44	24,0—24,9	5,3	6,4	56	36,0—36,9	0,2	0,3
45	25,0—25,9	1,3	1,5	57	37,0—37,9	1,1	1,3
46	26,0—26,9	6,7	8,1	58	38,0—38,9	1,1	1,3
47	27,0—27,9	15,3	18,4	59	39,0—39,9	0,6	0,8
48	28,0—28,9	7,5	9,0	60	40,0—40,9	2,2	2,7
49	29,0—29,9	3,4	4,1	61	41,0—41,9	2,7	3,3
50	30,0—30,9	2,3	2,8	62	43,1	0,2	0,3
51	31,0—31,9	2,3	2,8	63	45,0	0,3	0,4
52	32,0—32,9	1,8	2,2	64	47,3	0,3	0,4
53	33,0—33,9	1,8	2,2	65	50,0	0,1	0,1
54	34,0—34,9	1,6	1,9	66	55,0	0,1	0,1

Zusammen 82,9

Man erkennt sowohl aus dieser Tabelle als auch an der Kurve (S. 18) gegenüber dem dritten fraktionierten Lösungsgang die Wirkung des Eistrichters in dem Abrücken erheblicher Substanzmengen in die Schmelzpunktsgebiete unterhalb 20°. Auch an den gegenüber der dritten fraktionierten Lösung geringeren Mengen jeweils der ersten Mutterlaugen-Fraktionen äußerte sich diese Wirkung, wie aus den Tabellen des vierten Lösungsganges zu ersehen ist. Bemerkenswert war die Abtrennung nur geringer Glyceridmengen im Schmelzpunktgebiete oberhalb 50°.

Die Schwankungen der Kurve hatten weiterhin nachgelassen. Es lagen Maximumpunkte bei 16° (Fraktion Nr. **37**), bei 23° (Fraktion Nr. **43**), bei 27° (Fraktion Nr. **47**) und bei 41° (Fraktion Nr. **61**). Wie später gezeigt werden wird, war das Maximum bei 16° als Mutterlauge aller vier fraktionierten Lösungsgänge ein Gemisch verschiedener Glyceride. Das dem gut hervortretenden Maximum bei 27° vorgelagerte kleinere bei 23° erwies sich, wie nachträglich (S. 28) festgestellt wurde, als noch zu dem größeren von 27° gehörig. Dieses größte Maximum, dessen rechter Kurvenast einen fast gleichmäßigen Abfall zeigte, ist in den nachfolgenden Untersuchungen als „Glycerid I" und das bedeutend kleinere Maximum bei 41° als „Glycerid II" bezeichnet.

2. Untersuchung der Glyceride I und II.

Trotzdem eine Einheitlichkeit beider Glyceride noch nicht bestimmt gesichert war, wurde von einer weiteren fraktionierten Lösung abgesehen. Zum Zwecke der Reinigung wurde jede der Fraktionen Nr. **43—61** in möglichst wenig Äther gelöst, von mechanischen Beimengungen abfiltriert, Aceton hinzugegeben nnd in der Eiskälte wieder abgeschieden. Die Menge des Lösungsmittels betrug jeweils ungefähr 50—75 ccm. Die unteren Fraktionen Nr. **37—42**, die mehr oder weniger braun gefärbt waren und schwachen ranzigen Geruch hatten, wurden nicht umgefällt. Bei den oberen Fraktionen, Nr. **62—66**, unterblieb diese Reinigung aus Mangel an Substanz. Die Ergebnisse der Umfällung sind in der Tabelle 14 auf Seite 19 zusammengestellt.

Graphische Darstellung der 2., 3. und 4. fraktionierten Lösung.

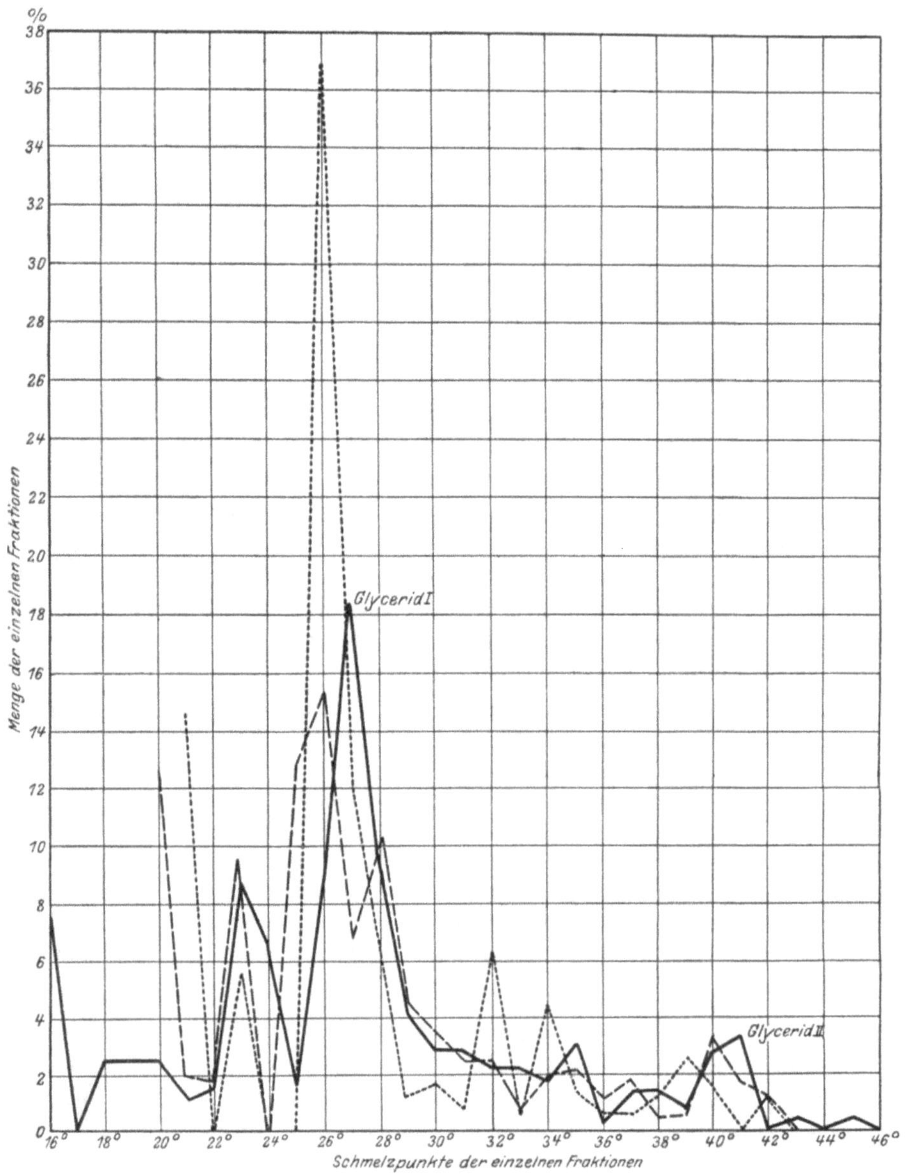

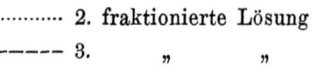

.... 2. fraktionierte Lösung
----- 3.   „   „
——— 4.   „   „

Tabelle 14.

Fraktion Nr.	Schmelzpunkte der Einzelfraktionen		Schmelzpunkte der in Lösung gebliebenen Anteile °C	Gewichte der beim Umfällen erhaltenen	
	vor dem Umfällen °C	nach dem Umfällen °C		Krystalle g	Mutterlaugen g
43	23,0—23,9	25,2	20,4	4,4	2,9
44	24,0—24,9	26,0	21,5	3,2	2,1
45	25,0—25,9	26,9	22,0	0,9	0,4
46	26,0—26,9	28,0	24,4	5,4	1,3
47	27,0—27,9	28,3	24,9	13,3	2,0
48	28,0—28,9	29,0	26,5	6,7	0,8
49	29,0—29,9	30,3	27,0	3,0	0,4
50	30,0—30,9	31,2	28,4	1,8	0,5
51	31,0—31,9	34,0	28,9	2,0	0,3
52	32,0—32,9	33,8	29,5	1,5	0,3
53	33,0—33,9	34,3	30,0	1,6	0,2
54	34,0—34,9	35,6	30,9	1,4	0,2
55	35,0—35,9	36,8	31,4	2,1	0,4
56 57	36,0—37,9	38,0	33,0	1,0	0,1
58	38,0—38,9	40,1	34,5	1,0	0,2
59	39,0—39,9	41,2	36,8	0,5	0,1
60	40,0—40,9	42,0	39,9	2,1	0,1
61	41,0—41,9	42,0	40,5	2,6	0,1

Bei allen Fraktionen war ein geringes, fast gleichmäßiges Ansteigen des Schmelzpunktes nach dem Umfällen zu bemerken. Am besten gereinigt schienen die Fraktionen Nr. **47—49** und **60—61** zu sein. Hier ist die Differenz zwischen den Schmelzpunkten der auskrystallisierten und der in Lösung gebliebenen Glyceride am geringsten. Dieses Minimum der Schmelzpunktsdifferenzen, das dem Maximum in der Glyceridanhäufung an diesen Stellen entspricht, berechtigt gleichfalls zu der Annahme, daß hier einheitliche Glyceride zu suchen sind. Die Fraktionen Nr. **46** und **47** wurden vereinigt und ebenso die Fraktionen Nr. **60** und **61**.

Glycerid I.

Um festzustellen, inwieweit Einheitlichkeit vorhanden war, wurden die vereinigten Fraktionen Nr. **46** und **47** durch erneute fraktionierte Lösung in fünf Teile zerlegt und deren Schmelzpunkte bestimmt. Die dabei erhaltenen Ergebnisse waren für die aus den Mutterlaugen auskrystallisierten Glyceride folgende:

Tabelle 15.

Unterfraktion Nr.	Gewicht g	Schmelzpunkt °C
1	4,51	26,2
2	4,39	26,9
3	3,65	27,5
4	2,00	28,0
5	3,75	28,4

Nach dem Umfällen aus möglichst wenig Lösungsmittel änderten sich die Schmelzpunkte, wie folgt:

Tabelle 16.

Nr. der Unterfraktion	Schmelzpunkte der Unterfraktionen vor dem Umfällen °C	nach dem Umfällen °C	Schmelzpunkte der in Lösung gebliebenen Anteile °C	Menge der beim Umfällen erhaltenen Krystalle g	Mutterlaugen g
1	26,2	27,0	24,0	3,1	1,4
2	26,9	28,3	25,3	3,5	0,9
3	27,5	29,2	26,3	3,1	0,5
4	28,0	29,9	27,8	1,7	0,2
5	28,4	29,5	27,9	3,4	0,4

Die Unterfraktionen Nr. 3—5 vom Schmelzpunkt 29,2—29,9° wurden vereinigt und mit der Fraktion Nr. 48 (Tabelle 14) vom Schmelzpunkt 29,0° zusammengegeben. Die Bestimmung der Verseifungszahl mittels alkoholischer Kalilauge in der Wärme hatte folgendes Ergebnis:

Angewendete Substanz	Verbrauch an Kaliumhydroxyd	Verseifungszahl gefunden	berechnet für Dihydro-chaulmugro-di-dihydro-hydnocarpin
1. 1,7614 g	0,35680 g	202,6 ⎫	
2. 1,2055 „	0,24437 „	202,7 ⎬ Im Mittel 203,2	203,1
3. 1,6410 „	0,33530 „	204,3 ⎭	

Aus dieser Verseifungszahl berechnet sich der Fettsäuregehalt des Glycerides zu 95,42 %, theoretisch für Dihydro-chaulmugro-di-dihydro-hydnocarpin 95,42 %.

Bei der Verseifung trat schwache Gelbfärbung auf. Die alkoholische Lösung der Seifen wurde mit viel Wasser in einen Scheidetrichter übergeführt, mit verdünnter Schwefelsäure angesäuert und die abgeschiedenen Fettsäuren mit Petroläther aufgenommen. Dabei blieben geringe Mengen einer braun gefärbten Substanz an der Trennungsfläche der beiden Flüssigkeitsschichten ungelöst. Nach zweimaligem Waschen mit Wasser wurde die petrolätherische Lösung durch ein Wattefilter filtriert, das Lösungsmittel abdestilliert und die jetzt farblosen Fettsäuren wurden bis zur Gewichtskonstanz getrocknet. An freien Fettsäuren wurden auf diese Weise erhalten:

Angewendete Glyceridmenge	Fettsäuren gefunden	berechnet für Dihydro-chaulmugro-di-dihydro-hydnocarpin
1. 1,7641 g	1,6764 = 95,03 % ⎫	
2. 1,2055 „	1,1375 = 94,36 % ⎬ Im Mittel 94,68 %	95,42 %.
3. 1,6410 „	1,5534 = 94,66 % ⎭	

Die gefundenen Mengen an Fettsäuren liegen im Mittel 0,74 % unter dem theoretischen Werte. Diese Verluste haben sehr wahrscheinlich ihre Ursache in der Entfernung der unlöslichen braunen Substanz. Die nach Art der Verseifungszahl bestimmten Säurezahlen der abgeschiedenen Fettsäuren hatten folgende Werte:

		Säurezahl	
Angewendete Säuremenge	Verbrauch an Kaliumhydroxyd	gefunden	berechnet für Fettsäuren von Dihydro-chaulmugro-di-dihydro-hydnocarpin
1. 1,6764 g	0,35491 g	211,7 ⎫ Im Mittel	
2. 1,1375 „	0,24274 „	213,4 ⎬ 212,8	212,8
3. 1,5534 „	0,33119 „	214,2 ⎭	

Durch Abscheidung der Fettsäuren aus einem Dihydro-chaulmugro-di-dihydro-hydnocarpin entsteht ein Fettsäurengemisch von zwei Molekülen Dihydro-hydnocarpus- und einem Molekül Dihydro-chaulmugrasäure. Ein solches Gemisch enthält 64,31% Dihydro-hydnocarpus- und 35,69% Dihydro-chaulmugrasäure.

Die abgeschiedenen Fettsäuren hatten den Schmelzpunkt 51,0°.

Wie später (S. 27) an künstlichen Säuregemischen gezeigt werden wird, entspricht diesem Schmelzpunkt ungefähr ein derartiger Gehalt an den genannten Fettsäuren.

Wie zu erwarten war, zeigte Glycerid I kein optisches Drehvermögen. Die Jodzahl war niedrig, denn eine Bestimmung hatte das nachfolgende, innerhalb der unvermeidlichen Fehlergrenze liegende Ergebnis:

		Jodzahl	
Angewendete Menge	Verbrauch an Jod	gefunden	theoretisch
0,4784 g	0,00592 g	1,20	0

Die Refraktometerzahl betrug 63,5 bei 40°. Da für die Lichtbrechung des gehärteten Chaulmugraöles (S. 5) ungefähr derselbe Wert gefunden wurde, ist die Annahme berechtigt, daß dieses Glycerid bezw. solche mit den gleichen Fettsäuren den Hauptanteil am Aufbau des Fettes bilden. Im weiteren Verlaufe der Untersuchungen wird gezeigt werden, daß dies in der Tat der Fall ist.

Die Refraktometerzahl der freien Fettsäuren hatte den gleichfalls außergewöhnlich hohen Wert von 31,0 bei 75°.

Fraktionierte Fällung der Fettsäuren von Glycerid I.

Um festzustellen, ob die Annahme eines Säuregemisches berechtigt war, wurden die Fettsäuren der fraktionierten Fällung mit Magnesiumacetat nach Heintz[1]) unterworfen. Es zeigte sich, daß die Löslichkeit der Magnesiumseifen in Alkohol eine ganz beträchtliche war, derart, daß unter den von Heintz angegebenen Versuchsbedingungen keine Abscheidung stattfand. Erst bei einer Zugabe von Magnesium-acetat, die etwa 1/4 bis 1/5 der gesamten Fettsäuremenge entsprach, in 70 bis 80%-igem Alkohol trat bei niedrigen Temperaturen eine Ausfällung ein. Bei den folgenden Fraktionen wurde die Abscheidung dadurch erreicht, daß — nötigenfalls nach Zusatz weiterer Mengen Magnesiumacetat und Neutralisation der entstandenen freien Essigsäure mit Ammoniak — tropfenweise Wasser hinzugegeben wurde, bis Ausfällung eintrat. Durch schwaches Erwärmen wurde diese wieder aufgelöst, um darauf beim Abkühlen wieder auszukrystallisieren. Die Ergebnisse waren folgende:

---

[1]) Liebig's Annal. Chem. u. Pharm. 1854, **92**, 295; Journ. prakt. Chem. 1855, **66**, 1.

Tabelle 17.
Erste fraktionierte Fällung der Säuren. Gewicht 5,32 g. Schmelzpunkt 51,0°.

Fraktion Nr.	Gewicht g	Schmelzpunkt °C	Fraktion Nr.	Gewicht g	Schmelzpunkt °C
1	1,1802	65,5	6	0,5078	51,7
2	0,7016	60,4	7	0,4015	55,5
3	0,2895	61,0	8	0,1675	56,5
4	0,4911	58,0	9	0,2600	58,0
5	0,8816	49,8	10	0,3290	57,1

Die letzte Fraktion wurde aus der Mutterlauge durch Verdünnen mit viel Wasser, darauf folgendes Ansäuern mit verdünnter Schwefelsäure und Ausschütteln mit Petroläther gewonnen. Die Schmelzpunkte zeigen, daß nur zwei Fettsäuren zugegen sein können. Fraktion Nr. 1 hatte nach zweimaligem Umkrystallisieren aus Petroläther, worin sie in der Eiskälte schwer löslich war, den Schmelzpunkt 70,3° und krystallisierte in hellschimmernden Blättchen aus.

Die Fraktionen Nr. 8—10 wurden vereinigt, einmal aus verdünntem Alkohol und darauf aus Petroläther in der Eiskälte umkrystallisiert. Es bildeten sich ebenfalls schöne leuchtende Krystallschuppen vom Schmelzpunkt 61,7°. Offenbar lagen schon reine Säuren vor. Die Bestimmung der Säurezahlen hatte folgendes Ergebnis:

Krystalle vom Schmelzpunkt	Angewendete Säuremenge	Verbrauch an Kaliumhydroxyd	Säurezahl	
			gefunden	theoretisch für
70,3°	1,0560 g	0,21082 g	199,6	Dihydro-chaulmugrasäure 198,8
61,7°	0,4160 g	0,09152 g	220,0	Dihydro-hydnocarpussäure 220,8

Die Refraktometerzahlen beider Säuren betrugen 32,0 bezw. 30,7 bei 75°. Diese hohen Werte für die Lichtbrechung schließen eine Verwechslung mit der Stearin- bezw. Palmitinsäure, die zweifellos infolge der fast übereinstimmenden Schmelzpunkte, Verseifungszahlen und dem Aussehen nach leicht möglich wäre, vollkommen aus. Die Refraktion dieser beiden Säuren beträgt 11,3 bezw. 10,3 bei 75°[1]). Nach diesen Untersuchungen können die Endglieder der fraktionierten Fällung der Fettsäuren von Glycerid I nur Dihydro-chaulmugrasäure und Dihydro-hydnocarpussäure sein, dieselben Fettsäuren, die Schreiner und Adams[2]) durch direkte Hydrierung der Chaulmugra- bezw. Hydnocarpussäure erhielten.

Um die Natur der bei der Fällung erhaltenen Fraktionen Nr. 2—7 der Tabelle 17 genauer festzulegen, wurden diese vereinigt und abermals einer weitgehenden fraktionierten Fällung unterworfen. Gleichzeitig wurden die Säurezahlen der dabei erhaltenen Fraktionen bestimmt. Tabelle 18 (S. 23) veranschaulicht den Gang der Fällung.

Wiederum führten die Endglieder dieser zweiten fraktionierten Fällung nach mehrmaligem Umkrystallisieren zu den schon erhaltenen Säuren. Der allmähliche Anstieg der Säurezahlen von 205,7 bei Fraktion Nr. 1 bis 219,9 bei dem Anteil Nr. 9 + 10 zeigt, daß die Zwischenglieder lediglich Mischungen beider Fettsäuren

---

[1]) Vergl. F. Guth in Zeitschr. f. Biologie 1903, **44**, 78.
[2]) Journ. Amer. Chem. Soc. 1925, **47**, 2727.

sind. Die Fraktionen Nr. 3 bis 6 ließen sich durch Umkrystallisieren nicht weiter verändern. Der Schmelzpunkt der dabei erhaltenen Krystalle stieg zwar auf 50,8°, blieb dann jedoch auf dieser Höhe. Ohne Zweifel lag ein ähnliches eutektisches Gemisch[1]) vor, wie es bei der Stearin- und Palmitinsäure bekannt ist.

Tabelle 18. Zweite fraktionierte Fällung der Säuren.

Nr. der Fraktion	Schmelz-punkte °C	Gewichte g	Verbrauch an Kalium-hydroxyd g	Säurezahl
1	64,8	0,5952	0,12243	205,7
2	52,5	0,5814	0,12320	211,9
3	49,8	0,6015	0,12824	213,2
4	48,4			
5	49,5	0,6211	0,13292	214,0
6	48,0			
7	53,0	0,5444	0,11814	217,0
8	54,5			
9	55,5	0,5233	0,11507	219,9
10	54,3			

Nach diesen Feststellungen bestehen die Fettsäuren des Glycerides I aus einem Molekül Dihydro-chaulmugrasäure und zwei Molekülen Dihydro-hydnocarpussäure.

Im Verlaufe der weiteren Untersuchungen gelang es, dieses Glycerid in deutlich krystallinem Gefüge zu erhalten. Zu diesem Zwecke wurde es in Petroläther gelöst, die schwache Gelbfärbung mit Tierkohle entfernt, von der Kohle abfiltriert und das Lösungsmittel wieder abgedampft. Darauf wurde in Aceton gelöst und einige Male in der Weise umkrystallisiert, daß das Lösungsmittel langsam verdunstete und somit die Abscheidung mehrere Stunden dauerte.

Das Glycerid bestand aus sehr feinen, glitzernden Nadeln vom Schmelzpunkt 30,7° (korrig.). Die Verseifungszahl hatte sich nicht geändert.

Angewendete Menge	Verbrauch an Kaliumhydroxyd	Verseifungszahl	
1,8925 g	0,38455 g	203,2	
1,1365 „	0,23116 „	203,4	Mittel 203,5
1,5580 „	0,31756 „	203,8	

Das Glycerid I mit dem Schmelzpunkte 30,7° (korrig.) ist demnach ein Dihydro-chaulmugro-di-dihydro-hydnocarpin.

Glycerid II.

Wie schon oben (S. 17 ff.) gezeigt wurde, hatte die fraktionierte Lösung des gehärteten Öles auch bei den Schmelzpunkten 41—42° zu einer Substanzanhäufung geführt. Die Fraktion Nr. **60 + 61**, welche nach dem Umfällen den Schmelzpunkt 42° (korrig. 42,2°) aufwies, änderte diesen nach zweimaligem Umkrystallisieren aus wenig Aceton-Äther nicht. Ebenso verhielt sich Fraktion Nr. **59**, während Nr. **58** nach 41,6° stieg und mit Nr. **59** vereinigt wurde. Die Bestimmung der Verseifungszahl mittels alkoholischer Kalilauge in der Wärme brachte folgendes Ergebnis:

---

[1]) Siehe auch: Dean and Wrenshall, Journ. Americ. Chem. Soc. 1920, **42**, 2626.

Angewendete Substanz	Verbrauch an Kaliumhydroxyd	Verseifungszahl	
		gefunden	berechnet für Dihydro-hydnocarpo-di-dihydro-chaulmugrin
1. 1,3092 g	0,25674 g	196,1 ⎱ Mittel	
2. 1,9046 „	0,37178 „	195,2 ⎬ 195,8	196,4
3. 1,2126 „	0,23767 „	196,0 ⎰	

Aus dieser Verseifungszahl berechnet sich der Fettsäuregehalt des Glycerides zu 95,58%, theoretisch für Dihydro-hydnocarpo-di-dihydro-chaulmugrin 95,56%.

Wiederum trat bei der Verseifung eine schwache gelbliche Verfärbung auf. Aus der Seife wurden die freien Fettsäuren auf gleiche Art wie bei Glycerid I dargestellt. Auch die braunen Verunreinigungen machten sich dabei bemerkbar. An freien Fettsäuren wurden erhalten:

Angewendete Glyceridmenge	Fettsäuren	
	gefunden	berechnet für Dihydro-hydnocarpo-di-dihydro-chaulmugrin
1. 1,3092 g	1,2430 g = 94,94 % ⎱ Mittel	
2. 1,9046 „	1,8084 „ = 94,95 „ ⎬ 94,79	95,56 %
3. 1,2126 „	1,1422 „ = 94,19 „ ⎰	

Die gefundenen Werte liegen also ähnlich wie beim Glycerid I etwas unter dem theoretischen Werte. Die Bestimmung der Säurezahl der Fettsäuren, nach Art der Verseifungszahl bestimmt, hatte folgendes Ergebnis:

Angewendete Säuremenge	Verbrauch an Kaliumhydroxyd	Fettsäuren	
		gefunden	berechnet für Fettsäuren von Dihydro-hydnocarpo-di-dihydro-chaulmugrin
1. 1,2430 g	0,25456 g	204,8 ⎱ Mittel	
2. 1,8084 „	0,36982 „	204,5 ⎬ 204,8	205,5
3. 1,1422 „	0,23415 „	205,0 ⎰	

Der Schmelzpunkt der Fettsäuren lag bei 64,4°. Durch Abscheidung der Säuren aus einem Dihydro-hydnocarpo-di-dihydro-chaulmugrin entsteht ein Gemisch von zwei Molekülen Dihydro-chaulmugrasäure und einem Moleküle Dihydro-hydnocarpussäure. Ein solches Gemenge enthält 68,95% Dihydro-chaulmugrasäure und 31,05% Dihydro-hydnocarpussäure. Wie später (S. 27) an künstlichen Fettsäuregemischen gezeigt werden wird, entspricht dem gefundenen Schmelzpunkt ungefähr ein derartiges Fettsäuregemisch.

Wie zu erwarten war, besaß auch das Glycerid II kein optisches Drehvermögen. Auch die Jodzahl war niedrig. Eine Bestimmung lieferte folgendes Ergebnis:

Angewendete Menge	Verbrauch an Jod	Jodzahl	
		gefunden	theoretisch
0,1905 g	0,00191 g	1,0	0

Die Refraktometerzahl des Glycerides betrug 61,7 bei 40°, die der Fettsäuren 30,7 bei 75°. Die Refraktometerzahl sowohl des Glycerides II als auch seiner Fettsäuren ist nur wenig von den entsprechenden Werten des Glycerides I verschieden. Daraus ergibt sich, daß die Natur der das Glyceridmolekül aufbauenden Fettsäuren in beiden Fällen die gleiche ist und lediglich deren Mengenverhältnis verschieden ist.

Um festzustellen, ob in der Tat in den Säuren des Glycerids II ein Säurengemisch vorlag, wurden die gewonnenen Säuren der Fraktionen Nr. **60 + 61** zusammen mit denen der Fraktionen Nr. **58 + 59**[1]) zuerst der fraktionierten Krystallisation aus Petroläther in der Eiskälte unterworfen. Das Ergebnis war folgendes:

Tabelle 19. Fraktionierte Krystallisation der Fettsäuren.

Fraktion Nr.	Lösungs- mittel ccm	Krystallisations- Temperatur	Dauer	Fettsäuren Menge	Schmelz- punkt
1	100 Petroläther	4—7°	2 Stunden	1,3765 g	67,6°
2	70 „	0—3°	1 „	0,6013 „	67,0°
3	70 „	0—3°	2 „	1,9445 „	58,0°
4	Mutterlauge	—	—	1,2842 „	56,3°

Die Säurefraktionen Nr. 1 und 2 wurden vereinigt und abermals aus Petroläther in der Eiskälte umkrystallisiert. Es bildeten sich große schimmernde Krystallschuppen vom Schmelzpunkt 69,4°. Der in Lösung gebliebene Anteil wurde mit den beiden Säurefraktionen Nr. 3 und 4 (Tabelle 19) vereinigt und das Ganze der fraktionierten Fällung mit Magnesiumacetat nach Heintz unterworfen. Wiederum erwiesen sich die Magnesiumseifen als erheblich in Alkohol löslich, und sie konnten daher erst nach starkem Verdünnen des Alkohols mit Wasser abgeschieden werden. Die folgende Tabelle veranschaulicht den Gang der Fällung:

Tabelle 20.

Fraktion Nr.	Schmelzpunkte °C	Menge g	Verbrauch an Kaliumhydroxyd g	Säurezahl
	69,4[2])	1,7057	0,34335	201,3
1	62,5	0,4050	0,08193	202,3
2	63,8	0,4527	0,09262	204,6
3	66,0	0,2800	0,24938	205,1
4	65,1	0,9359		
5	64,2	0,3855	0,07937	205,9
6	57,2	0,1913	0,06282	208,5
7	59,4	0,1100		
8	47,8	0,3187	0,06791	213,1
9	51,5	0,0991	0,05123	217,7
10	53,1	0,1362		

Die Schmelzpunkte der aufeinanderfolgenden Fraktionen zeigen bei dieser fraktionierten Fällung nicht ein so regelmäßiges Fallen und Wiederansteigen wie bei den Fettsäuren von Glycerid I. Immerhin erkennt man ein deutliches Fallen der Schmelzpunkte von 69,4° bis 47,8° und am Schluß einen leichten Anstieg bis 53,1°. Die größte Menge liegt oberhalb des Minimums von 47,8°, offenbar ein Anzeichen,

---

[1]) Wie weiter unten (S. 28) gezeigt werden wird, hatte diese Fraktion vom Schmelzpunkt 41,6° fast dieselbe Verseifungszahl wie Nr. **60 + 61**.

[2]) Durch fraktionierte Krystallisation erhalten.

daß die höher schmelzende Säure mit der größeren Kohlenstoffatomzahl vorherrscht. Die Säurezahlen bestätigen diese Annahme. Ihr Anstieg verläuft wie bei Glycerid I sehr regelmäßig von 201,3 nach 217,7.

Der durch fraktionierte Krystallisation gewonnene Säureanteil vom Schmelzpunkt 69,4° wurde nochmals aus Petroläther umkrystallisiert; der Schmelzpunkt stieg dabei auf 70,2°, die Bestimmung der Säurezahl ergab:

Angewendete Säuremenge	Verbrauch an Kaliumhydroxyd	Säurezahl
1,3447 g	0,26920 g	200,2

Die Refraktometerzahl betrug 32,0 bei 75°. Die vorliegende Säure war offenbar die gleiche wie die von Glycerid I erhaltene vom Schmelzpunkt 70,3° und der Refraktometerzahl 32,0.

Durch Vermischung der beiden Säuren trat keine Depression des Schmelzpunktes ein.

Die Säurefraktionen Nr. 9 und 10 mit der Säurezahl 217,7 wurden noch viermal aus verdünntem Alkohol umkrystallisiert. Der Schmelzpunkt stieg hierbei auf 58,0°. Die Säurezahl konnte aus Mangel an Substanz nicht nochmals bestimmt werden. Die Refraktometerzahl betrug 30,7 bei 75°. Sie war die gleiche wie die der zweiten Säure des Glycerides I vom Schmelzpunkt 61,7° und der Säurezahl 220,0. Die Gegenwart von Palmitinsäure war demnach ausgeschlossen. Wiederum ist die Annahme berechtigt, daß beide Säuren identisch sind.

Nach diesen Untersuchungen waren die Endglieder der Aufteilung des Fettsäuregemisches von Glycerid II, wenn auch nicht in ganz reiner Form, ebenfalls Dihydro-chaulmugrasäure und Dihydro-hydnocarpussäure. Nach der Verseifungs- und Säurezahl von 195,8 bezw. 204,8 und dem Schmelzpunkt von 64,4° der freien Fettsäuren ist die quantitative Beteiligung beider Säuren am Aufbau des Glyceridmoleküls beim Glycerid II die umgekehrte wie beim Glycerid I.

Die Untersuchungen haben demnach ergeben, daß das Glycerid II vom Schmelzpunkt 42,2° (korr.) ein Dihydro-hydnocarpo-di-dihydrochaulmugrin ist.

Herstellung künstlicher Fettsäuregemische.

Wie die fraktionierte Fällung der Fettsäuren mittels Magnesiumacetats gezeigt hatte, gingen die Schmelzpunkte der Gemische von Dihydro-chaulmugrasäure und Dihydro-hydnocarpussäure bis etwa 48° herunter. Um zu sehen, ob diese erhebliche gegenseitige Depression, die zweifellos auf die Konsistenz des Fettes einen gewissen Einfluß ausübt, eine besondere Eigenschaft der ringförmigen Säuren sei oder durch noch unbekannte Beimengungen bedingt war, wurden die Schmelzpunkte von künstlichen Gemischen beider Säuren bestimmt. Zu diesem Zwecke wurden die Säuren durch Umkrystallisieren so weit gereinigt, daß sie ihren Schmelzpunkt nicht mehr änderten. Der Schmelzpunkt der Dihydro-chaulmugrasäure erhöhte sich dabei noch auf 70,7° bezw. 71,3° (korr.)[1], derjenige der Dihydro-hydnocarpussäure auf 62,0° bezw. 62,5° (korr.).

Die Säuren wurden darauf auf kleinen Uhrgläschen abgewogen und durch Zusammenschmelzen längere Zeit in Fluß gehalten. Das Gesamtgewicht der Mischung betrug für jede Bestimmung 50 mg. Die dabei erhaltenen Ergebnisse waren folgende:

---

[1]) Wo nicht besonders angegeben, sind die Schmelzpunkte in dieser Arbeit nicht korrigiert.

Tabelle 21.

Mischung Nr.	Zusammensetzung des Fettsäuregemisches		Schmelzpunkt °C	
	Dihydro-hydnocarpussäure %	Dihydro-chaulmugrasäure %	gefunden	korrigiert
1	100	0	62,0	62,5
2	90	10	59,4	59,8
3	80	20	56,6	57,0
4	70	30	54,5	54,8
5	65	35	52,0	52,3
6	60	40	51,1	51,4
7	50	50	53,0	53,3
8	40	60	58,5	58,9
9	30	70	63,8	64,3
10	20	80	65,9	66,5
11	10	90	68,0	68,6
12	0	100	70,7	71,3

Wie diese Tabelle zeigt, war die gegenseitige Depression beider Fettsäuren an ihrer maximalen Stelle in der Tat eine beträchtliche. Daß sie höher lag als die bei der fraktionierten Fällung der Fettsäuren der Glyceride I und II erhaltene, findet seinen Grund offenbar darin, daß die Bestimmung der Schmelzpunkte an Gemischen ausgeführt wurde, die sich aus umkrystallisierten, vom Lösungsmittel abfiltrierten Säuren zusammensetzten. Bei der fraktionierten Fällung der Fettsäuren der Glyceride I und II dagegen wurden diese Bestimmungen an durch Abdunsten des Lösungsmittels gewonnener Substanz ausgeführt. Ferner ist es unwahrscheinlich, daß die wirkliche maximale Depression in den künstlichen Gemengen zufällig gerade bei der Mischung 6 mit dem Schmelzpunkt 51,4° lag. Sie kann auch etwas oberhalb oder unterhalb dieses Mischungsverhältnisses liegen.

Weiter ist aus der Tabelle ersichtlich, daß ein Gemisch von zwei Molekülen Dihydro-hydnocarpussäure und einem Moleküle Dihydro-chaulmugrasäure, welches 64,31% bzw. 35,69% beider Säuren enthält, ungefähr den für die Fettsäuren von Glycerid I gefundenen Schmelzpunkt von 51,0° besitzen kann. Dasselbe gilt für die Fettsäuren von Glycerid II. Auch hier entspricht der gefundene Schmelzpunkt von 64,4° ungefähr der Menge von 31,05 bzw. 68,95% beider Säuren, gemäß einem Moleküle Dihydro-hydnocarpussäure und zwei Molekülen Dihydro-chaulmugrasäure.

3. Untersuchung der übrigen bei der fraktionierten Lösung des gehärteten Öles erhaltenen Fraktionen.

Als Mutterlauge aller vier fraktionierten Lösungen wurde Fraktion Nr. **37** vom Schmelzpunkt 16° genauer untersucht. Die Farbe war braun, der Geruch ranzig. Die Bestimmung der Kennzahlen hatte folgendes Ergebnis:

Verseifungszahl	Säurezahl der Fettsäuren	Unverseifbares	Jodzahl	$[\alpha]_D$
197,2 ⎱ Mittel 195,8 ⎰ 196,5	209,6 ⎱ Mittel 209,4 ⎰ 209,5	3,8%	6,31 ⎱ Mittel 7,05 ⎰ 6,68	+0,63°

Bei der Verseifung trat eine ebenso starke Dunkelfärbung ein, wie sie bei den Fraktionen des nichtgehärteten Öles beobachtet worden war. Beim Ausschütteln der in Freiheit gesetzten Fettsäuren mit Petroläther hinterblieben erhebliche braune Rückstände. Diese Erscheinungen, im Zusammenhange mit der Jodzahl, der optischen Aktivität und dem Gehalte an Unverseifbarem deuten darauf hin, daß in der Mutterlauge noch ungesättigte und unverseifbare Bestandteile vorhanden waren. Auch alle übrigen unteren Fraktionen enthielten wahrscheinlich solche in geringer Menge, da sie ständig braune Zersetzungssubstanzen absonderten. Nach diesen Untersuchungen dürfte die Mutterlauge, trotz des Maximums in der Substanzanhäufung, kein einheitliches Glycerid darstellen. Es kann jedoch angenommen werden, daß sie vornehmlich aus Glycerid I bestand. Berücksichtigt man nämlich die Menge des Unverseifbaren von 3,8%, so erhöht sich die Verseifungszahl von 196,5 auf 204,0, eine Zahl, die nur wenig von derjenigen des Glycerides I verschieden ist.

Die folgenden Fraktionen[1]) verloren mit steigendem Schmelzpunkt die Eigenschaften der Mutterlauge. Mit dem Abnehmen der braunen Farbe fiel die Jodzahl und verschwand der ranzige Geruch. Die Verfärbung bei der Verseifung verlor ebenfalls an Stärke. Die folgende Tabelle enthält eine Zusammenstellung der Verseifungs- und teilweise auch der Jodzahlen:

Tabelle 22.

Fraktion Nr.	Schmelzpunkte der Einzelfraktionen °C	Gewicht %	Verseifungszahl	Jodzahl
38	18,0—18,9	2,46	199,3	5,05
40	20,0—20,9	2,53	201,3	3,42
42	22,0—22,9	1,57	205,2	3,67
	Schmp. nach dem Umfällen			
43	25,2	8,82	202,0	—
44	26,0	6,40	204,8 / 203,9 } 204,3	1,21
45	26,9	1,52	203,4 / 204,0 } 203,7	—
49	30,3	4,10	201,8 / 202,3 } 202,1	—
50	31,2	2,80	202,5 / 202,9 } 202,7	—
51	34,0	2,79	201,2	—
53	34,3	2,18	200,5	—
55	36,8	3,00	198,1	—
58+59	41,2	2,14	197,0	—

Auf Grund der Verseifungszahlen beteiligt sich an den Fraktionen Nr. **38—45**, die dem bei der letzten fraktionierten Lösung erhaltenen Maximum bei 27—28°

---

[1]) Nur jede zweite Fraktion, mit Ausnahme der Nachbarfraktionen von den Glyceriden I und II wurde näher untersucht.

vorgelagert sind, lediglich Glycerid I, allerdings noch durch ungesättigte Säuren und unverseifbare Substanzen verunreinigt. Auch die auf Glycerid I folgenden Fraktionen Nr. **49—53** bestehen in der Hauptmenge aus diesem Glycerid. Allerdings fallen die Verseifungszahlen schon langsam, um weiterhin bei Fraktion Nr. **58 + 59** ungefähr den Wert von Glycerid II zu erreichen.

Bemerkenswert war noch das Verhalten der sehr kleinen und höchsten Fraktionen Nr. **62—66**. Um einigermaßen brauchbare Verseifungszahlen zu bekommen, wurde Fraktion Nr. **62** mit **63** und Fraktion Nr. **64** mit Nr. **65** und Nr. **66** vereinigt. Die Bestimmungen hatten folgendes Ergebnis:

Tabelle 23.

Fraktion Nr.	Schmelzpunkte der Einzelfraktionen °C	Menge %	Verseifungszahl	Säurezahl der Fettsäuren
62—63	43,1—45,0	0,7	195,5	204,8
64—66	47,3—55,0	0,6	203,3	215,0

Die Fraktionen Nr. **62—63** zeigten demnach noch die für Glycerid II gefundene Verseifungszahl, während die Verseifungszahl der Fraktionen **64—66** wieder angestiegen ist. Der Schmelzpunkt der freien Säuren dieses Anteils lag bei 50,6°, die Refraktometerzahl betrug 23,5 bei 75°.

Wie später (S. 32) gezeigt werden wird, besitzt das synthetische Tri-dihydro-chaulmugrin einen Schmelzpunkt von 50,7°. Für die in dieser Arbeit geschilderten zyklischen Dihydrosäuren ist es dasjenige Glycerid mit dem höchsten Schmelzpunkt. Da für die Endfraktion Nr. **66** jedoch ein solcher von 55° gefunden wurde, so müssen die Fettsäuren dieses in so geringen Mengen vorkommenden Glycerides anderer Natur sein. Die gegenüber den zyklischen Säuren wesentlich tiefere Refraktion spricht für die Gegenwart von Fettsäuren mit offener Kohlenstoffkette. Auf Grund der Verseifungs- und Säurezahl sind mindestens zwei Moleküle einer Säure mit weniger als 18 Kohlenstoffatomen vorhanden. Der hohe Schmelzpunkt des Glycerides von 55° schließt Fettsäuren unterhalb der Palmitinsäure aus und die hohe Verseifungs- bezw. Säurezahl Fettsäuren oberhalb der Stearinsäure. Somit ist es wahrscheinlich, daß das schwerstlösliche Glycerid des gehärteten Öles entweder ein Tripalmitin[1]) oder ein Stearodipalmitin ist, noch stark verunreinigt mit Glycerid II. Aus Mangel an Substanz mußte von einer weiteren Bearbeitung der Endfraktionen abgesehen werden.

4. Über die Mengenverhältnisse der gefundenen Glyceride.

Wie die vorstehenden Untersuchungen gezeigt haben, bestehen die Fraktionen Nr. **37—51** vornehmlich aus Glycerid I. Wenn auch, wie vor allem bei der Mutterlauge[2]) und den darauf folgenden nächsten Fraktionen, Abzüge zu machen sind, so

---

[1]) Nach den Untersuchungen von F. B. Power über die Zusammensetzung der Fettsäuren des Chaulmugraöles soll darin tatsächlich Palmitinsäure vorhanden sein.

[2]) Auf Grund der Jodzahl des nichtgehärteten Öles von 97,1 und derjenigen von 6,68 der Mutterlauge des hydrierten Öles errechnet sich darin ein Gehalt an nichtgehärtetem Öl von rund 7%. Zählt man das Unverseifbare mit 3,8% hinzu, so erhält man 10,8% fremde

werden diese bei der wenig quantitativen Natur dieser Betrachtungsweise[1]) kaum ins Gewicht fallen.

Für die genannten Fraktionen ergibt sich ein Betrag von etwa 80% an Glycerid I, bezogen auf die Gesamtmenge der nach der vierten fraktionierten Lösung vorhanden gewesenen Glyceride. Nimmt man an, daß die Fraktionen Nr. **52—57** je zur Hälfte aus Glycerid I und II bestehen, so ist die Menge für beide in diesem je 5,4%. Somit beteiligt sich Glycerid I an der Gesamtmenge mit $80 + 5,4 = 85,4\%$.

Auf Grund der Verseifungszahlen bestehen die Fraktionen Nr. **58—63** $= 8,7\%$ vornehmlich aus Glycerid II. Addiert man 5,4% aus den Fraktionen Nr. **52—57** hinzu, so ergibt sich für Glycerid II ein Gesamtbetrag von 14,1%. Berücksichtigt man, daß im vorliegenden gehärteten Fette 6,9% freie Säuren gefunden wurden, so ändern sich die Zahlen auf 79,5% für Glycerid I und 13,1% für Glycerid II.

Das am schwersten lösliche Glycerid unbekannter Natur ist nur in äußerst geringen Mengen vorhanden.

Bei diesen Berechnungen ist vorausgesetzt, daß beide Glyceride an den durch das häufige Umkrystallisieren entstandenen Verlusten von 8,3% im Verhältnis ihrer errechneten Mengen beteiligt sind.

Das Gemisch der freien Fettsäuren des gehärteten Öles dürfte demnach folgende Zusammensetzung haben:

$$\text{Dihydro-chaulmugrasäure} = 40,2\%$$
$$\text{Dihydro-hydnocarpussäure} = 59,2\%$$

Ein derartiges Gemenge würde eine Säurezahl von 211,7 besitzen, während experimentell die Zahl 210,5 im Mittel mehrerer Bestimmungen (S. 6) gefunden wurde.

III. Synthese einiger neuen Glyceride.
1. Tri-dihydro-chaulmugrin.

Das Verfahren der Synthese mit Hilfe von Tribromhydrin und den Alkalisalzen der Fettsäure[2]) verlief unbefriedigend und brachte nur kleine Ausbeuten.

2,55 g Dihydro-chaulmugrasäure wurden mittels alkoholischer Natronlauge in die entsprechende Seife übergeführt. Nach völligem Abdunsten des Alkohols und scharfem Trocknen wurde die möglichst neutrale, feingepulverte Seife in ein weites Reagensrohr gebracht, dieses mit Steigrohr versehen und dann mit 0,80 g Tribromhydrin 10 Stunden auf 170—180° erhitzt. Das Mengenverhältnis war derartig, daß auf drei Mol der Seife etwas weniger als ein Mol Tribromhydrin kam, daß also die Seife im Überschuß vorhanden war.

Das Reaktionsgemisch färbte sich langsam dunkelbraun. Nach dem Erkalten ließ sich die Reaktionsmasse mit Petroläther herausspülen. Durch Zusatz von Tierkohle verschwand sowohl die braune Farbe als auch die Trübung der Lösung völlig.

Bestandteile, was einer Menge von 0,82% der Gesamt-Glyceridmenge entspricht. Für die nächstfolgenden Fraktionen werden diese Werte erheblich geringer sein. Bei der Berechnung ist angenommen, daß der ungesättigte Anteil in der Mutterlauge tatsächlich nichthydriertes Öl ist.

[1]) Fraktionierte Krystallisationen und Lösungen können natürlich nur zu Annäherungswerten führen und erheben auf quantitative Genauigkeit keinen Anspruch.

[2]) Guth, Partheil und v. Velsen, Arch. Pharm. 1900, **238**, 267.

Es zeigte sich, daß die von der Kohle, dem gebildeten Natriumbromid und der überschüssigen Natriumseife abfiltrierte Lösung sauer reagierte. Sie enthielt relativ erhebliche Mengen rückgebildeter freier Fettsäure, die durch Neutralisation im Scheidetrichter mit wässeriger 0,1 N.-Natronlauge entfernt wurde.

Nach dem Verjagen des Petroläthers hinterblieben 0,53 g einer weißen Substanz. Aus Aceton in der Eiskälte umkrystallisiert, zeigte diese den Schmelzpunkt 47,3°. Die Refraktometerzahl bei 50° betrug 58,2, oder umgerechnet 63,2 bei 40°, eine Zahl, die sich kaum von denjenigen der im gehärteten Chaulmugraöle gefundenen Glyceride unterscheidet. Die Löslichkeit im Alkohol war äußerst gering. Diese Anzeichen sprechen für das Vorhandensein eines Glycerides.

Um größere Mengen zu gewinnen, wurde die Synthese wiederholt. Als Ausgangsstoff diente in diesem Falle die Kaliumseife. Abermals verlief die Reaktion so, daß in der Hauptsache die freie Säure rückgebildet wurde. Wahrscheinlich ist es schwer, die letzten Mengen von Feuchtigkeit aus den Alkaliseifen zu entfernen. Diese verseifen bei den hohen Temperaturen der Umsetzung das Tribromhydrin. Es bildet sich freie Bromwasserstoffsäure, die aus der Alkaliseife die Fettsäure in Freiheit setzt. Vielleicht findet der oft ungünstige Verlauf der Reaktion in obigen Umsetzungen seine Erklärung.

Darstellung von Glyceriden mit Hilfe der Bleiseifen.

Da die chemische Affinität des Bleies zu den Halogenen eine beträchtlich größere ist als diejenige der Alkalimetalle, und da es leichter gelingt, die Bleiseifen zu entwässern und aus diesen Gründen die Umsetzungen günstiger zu verlaufen versprachen, wurde die Synthese mit der Bleiseife wiederholt. Die Reaktion entspricht derjenigen mit Hilfe der Alkali- und Silberseifen, jedoch scheint sie bisher nicht angewendet worden zu sein.

4,59 g Dihydro-chaulmugrasäure wurden in Alkohol gelöst und mit alkoholischer Bleiacetatlösung gefällt. Nach dem Absaugen der Seife und dem Nachwaschen mit wenig kaltem Äther wurde diese aus trockenem Benzol umkrystallisiert. Dabei bildeten sich krystalline, schimmernde Blättchen. Beim Erhitzen auf dem siedenden Wasserbade verflüssigten sich diese und verdampften die letzten Reste des Benzols. Die Seife wurde bei 125—130° scharf getrocknet. Die Ausbeute betrug 6,02 g.

Diese Menge wurde in ein weites Reagensrohr übergeführt, mit 1,5 g Tribromhydrin versetzt und dazu noch als Flußmittel 2 ccm Xylol gegeben. Ein aufgesetztes Steigrohr verhinderte die Verflüchtigung des letzteren. Die Temperatur im Ölbade betrug 170—190°, die Reaktionszeit acht Stunden.

Die Masse verflüssigte sich augenblicklich und bekam bald eine dunkelbraune Farbe. Ganz allmählich setzten sich glitzernde, hellgefärbte Krystallnadeln von Bleibromid am Boden des Gefäßes an, ein Zeichen, daß die Umsetzung vor sich ging. Nach achtstündigem Erhitzen wurde die Reaktionsmasse mit Petroläther aus dem Rohr gespült und über Nacht über Tierkohle stehen gelassen. Von der Kohle, dem Bleibromid und der überschüssigen Seife abfiltriert, zeigte die Lösung nur Spuren freier Säure. Das Lösungsmittel wurde abgedampft und der Rückstand aus Aceton umkrystallisiert. Die Ausbeute betrug 2,85 g = 54,9%. Die Substanz war in Aceton und Alkohol in der Kälte sehr schwer löslich. In der Wärme löste sie sich in Aceton und krystallisierte daraus beim langsamen Erkalten in langen, sehr schmalen Nadeln vom Schmelzpunkt 50,7° oder 51,0° (korr.). Die Refraktometerzahl bei 55°

betrug 55,8 oder umgerechnet 63,3 bei 40°. Offenbar lag derselbe Körper vor wie der vermittels der Synthese mit den Alkaliseifen erhaltene. Die Bestimmung der Verseifungszahl hatte folgendes Ergebnis:

Angewendete Substanz	Verbrauch an Kaliumhydroxyd	Verseifungszahl	
		gefunden	berechnet für Tri-dihydro-chaulmugrin
0,9256 g	0,17647 g	190,7 ⎱ Mittel	
0,8335 „	0,15857 „	190,3 ⎰ 190,5	190,2

Eine Verfärbung trat nicht ein. Nach diesen Untersuchungen dürfte der erhaltene Körper vom Schmelzpunkt 51,0° (korr.) ein Tri-dihydro-chaulmugrin sein.

2. Tri-dihydro-hydnocarpin.

Die Synthese dieses Glycerides wurde gleichfalls mittels der Bleiseife durchgeführt. Die Umsetzung verlief etwas schneller und vollständiger als beim Tri-dihydro-chaulmugrin.

7,62 g[1]) Dihydro-hydnocarpussäure ergaben 10,14 g Bleiseife. Nach Zugabe von 2,5 g Tribromhydrin und 2 ccm Xylol wurde im Ölbade 6—7 Stunden auf 170 bis 180° erhitzt. Die Ausbeute an Glycerid betrug 5,65 g = 70,6%. Die Löslichkeit des Glycerides in Alkohol war gering, dagegen in Aceton bei Zimmertemperatur beträchtlich, bei 0° aber gering. Beim langsamen Verdunsten des Acetons bildeten sich große Büschel von bis zu 1 cm langen, schmalen, schimmernden Krystallnadeln vom Schmelzpunkt 39,1° oder 39,2° (korr.). Die Refraktometerzahl bei 40° betrug 63,7. Die Bestimmung der Verseifungszahl hatte folgendes Ergebnis:

Angewendete Substanz	Verbrauch an Kaliumhydroxyd	Verseifungszahl	
		gefunden	berechnet für Tri-dihydro-hydnocarpin
1,3157 g	0,27954 g	210,9 ⎱ Mittel	
1,5867 „	0,33301 „	209,9 ⎰ 210,4	210,2

Auch bei dieser Verseifung trat keine Verfärbung ein. Ohne Zweifel war der erhaltene Körper vom Schmelzpunkt 39,2° (korr.) ein Tri-dihydro-hydnocarpin.

Wie bei den im gehärteten Chaulmugraöl gefundenen Glyceriden ist auch für diese synthetisch erhaltenen die hohe Refraktion charakteristisch. Gleichfalls besonders bemerkenswert ist die Erscheinung, daß durch die Verbindung der zyklischen Fettsäure mit dem Glycerinrest eine starke Schmelzpunktsdepression stattfindet. Weder beim Tristearin noch beim Tripalmitin noch bei den anderen einfachen Triglyceriden der Fettsäuren mit offener Kohlenstoffkette überhaupt ist diese Depression von mehr als 20° beobachtet worden. Lediglich bei gemischten Glyceriden finden stärkere Depressionen der Schmelzpunkte statt, die aber eben auf die Gegenwart verschiedener Fettsäuren im Molekül zurückzuführen sind.

Es ergeben sich demnach für den niedrigen Schmelzpunkt des gehärteten Chaulmugraöles folgende Ursachen: Eintritt des Glycerinrestes C_3H_5 in das Fettsäuremolekül, Bindung verschiedener Fettsäuren an den Glycerinrest (gemischte Glyceride), besonders starke gegenseitige Depression der Fettsäuren. Dasselbe gilt natürlich auch für das nichtgehärtete Öl, wo die Depression infolge des ungesättigten Charakters der Fettsäuren wahrscheinlich noch verstärkt wird.

---

[1]) Die für die Synthesen verwendeten Säuren waren durch Vakuumdestillation in größerer Menge gewonnen worden.

Auch einfache Diglyceride lassen sich mit Hilfe der Bleiseifen gut darstellen.

11,02 g Blei-dihydro-chaulmugrat, welches bei 125° eine Stunde lang getrocknet war, wurden zusammen mit 1,85 g α-Dichlorhydrin und 2 ccm Xylol vier Stunden auf 160—170° erhitzt.

Schon nach einer Stunde war die Umsetzung erheblich fortgeschritten, sichtbar an der Menge des gebildeten Bleichlorides. Die Ausbeute betrug 3,91 g = 44,0%. Der Schmelzpunkt der glänzenden Krystallblättchen lag bei 60,3° oder 60,7° (korr.). Die Bestimmung der Verseifungszahl hatte folgendes Ergebnis:

Angewendete Substanz	Verbrauch an Kaliumhydroxyd	Verseifungszahl	
		gefunden	berechnet für Di-dihydro-chaulmugrin
0,9518 g	0,17323 g	182,0 ⎫ Mittel	180,8
1,2365 „	0,22566 „	182,5 ⎭ 182,3	

Anscheinend war der erhaltene Körper demnach ein Di-dihydro-chaulmugrin. Ob die α- oder β-Form vorlag, müssen weitere Untersuchungen ergeben.

3. Anwendung der Glycerid-Synthese mittels der Bleiseifen auf bekannte Glyceride.

Die Synthese mit Hilfe der Bleiseifen ließ sich erwartungsgemäß auch auf Fettsäuren mit offener Kohlenstoffkette anwenden. Es wurden auf diese Weise das Trilaurin und das Trimyristin dargestellt.

Trilaurin.

Die präparative Darstellung sowie der Reaktionsverlauf waren die gleichen wie bei den schon geschilderten Synthesen. Die Ausbeute an Trilaurin betrug 53,5%. Der Schmelzpunkt der schimmernden Krystalle lag bei 46,0° oder 46,2° (korr.). Die Bestimmung der Verseifungszahl hatte folgendes Ergebnis:

Angewendete Substanz	Verbrauch an Kaliumhydroxyd	Verseifungszahl	
		gefunden	berechnet für Trilaurin
0,7865 g	0,20803 g	264,5 ⎫ Mittel	263,8
0,5545 „	0,14705 „	265,2 ⎭ 264,8	

Auf Grund des Schmelzpunktes und der Verseifungszahl war der erhaltene Körper Trilaurin.

Trimyristin.

Die Ausbeute an Trimyristin betrug 43,2%. Der Schmelzpunkt der sehr feinen Krystalle lag bei 55,8° oder 56,2° (korr.). Es wurde folgende Verseifungszahl gefunden:

Angewendete Substanz	Verbrauch an Kaliumhydroxyd	Verseifungszahl	
		gefunden	berechnet für Trimyristin
0,8250 g	0,19305 g	234,0 ⎫ Mittel·	233,1
1,1212 „	0,26159 „	233,4 ⎭ 233,7	

Auf Grund des Schmelzpunktes und der Verseifungszahl war der erhaltene Körper ohne Zweifel Trimyristin.

Wie vorauszusehen war und wie diese Untersuchungen gezeigt haben, ist die Synthese von einfachen Triglyceriden mit Hilfe der Bleiseifen der Fettsäuren allgemein anwendbar und leicht durchführbar.

4. Löslichkeitsbestimmungen.

Wie schon früher hervorgehoben wurde, zeigten die Glyceride der in dieser Arbeit beschriebenen zyklischen Fettsäuren eine erhebliche Löslichkeit. Um darüber einigermaßen quantitative Vorstellungen zu bekommen, wurden einige Löslichkeitsbestimmungen durchgeführt. Die Ergebnisse sind in folgenden Tabellen zusammengestellt:

Tabelle 24.

Glyceride	100 ccm Aceton lösen	
	bei 0°	bei 20°
Tri-dihydro-chaulmugrin	0,0081 g	0,2730 g
Tri-dihydro-hydnocarpin	0,2518 „	
Dihydro-hydnocarpo-di-dihydro-chaulmugrin	—[1]	leicht löslich
Dihydro-chaulmugro-di-dihydro-hydnocarpin	0,5426 g	

In Äther, Petroläther, Benzol und Chloroform waren sämtliche Glyceride, auch in der Eiskälte, leicht löslich, und es konnten daher aus Mangel an Substanz keine einwandfreien Bestimmungen vorgenommen werden. Die Löslichkeit in Alkohol war äußerst gering.

Die Löslichkeit der Fettsäuren war folgende:

Tabelle 25.

Fettsäuren	100 ccm Alkohol (96%) lösen		100 ccm Petroläther lösen	
	bei 0°	bei 20°	bei 0°	bei 20°
Dihydro-chaulmugrasäure	0,3620 g	1,8860 g	0,0963 g	1,0858 g
Dihydro-hydnocarpussäure	2,2210 „	leicht löslich	0,4742 „	3,8275 „

Die zyklischen Fettsäuren besitzen demnach eine größere Löslichkeit als die entsprechenden Säuren mit offener Kohlenstoffkette und der gleichen Anzahl von Kohlenstoffatomen (Stearin- bezw. Palmitinsäure). H. Kreis und A. Hafner[2] fanden für die Löslichkeit in 100 ccm Alkohol von 95% bei 0°:

Stearinsäure = 0,1249 g
Palmitinsäure = 0,5642 g

Nach diesen Zahlen ist das Lösungsvermögen des Alkohols für Dihydro-chaulmugrasäure bezw. Dihydro-hydnocarpussäure drei- bis viermal so groß als für Stearinsäure und Palmitinsäure. Damit im Zusammenhang dürfte auch die leichte Löslichkeit der Magnesiumseifen stehen.

Man kann sich den Kohlenstoffring bezw. die zyklischen Fettsäuren aus der Stearin- und Palmitinsäure durch Umklappen und Ringschluß des der COOH-Gruppe entgegengesetzten Molekülendes entstanden denken. Es ergibt sich dann die Feststellung, daß dieser Ringschluß im Molekül der Fettsäuren auch auf deren Löslichkeit und die ihrer Glyceride einen wesentlichen Einfluß ausübt. Dasselbe dürfte natürlich auch, jedoch in noch größerem Maße, für die Säuren des nichtgehärteten Fettes bezw. deren Glyceride Gültigkeit haben.

---

[1] Wegen Substanzmangels unterblieb die Bestimmung.
[2] Zeitschrift f. Untersuchung der Lebensmittel 1903, **6**, 22.

Zusammenfassung der Ergebnisse.

Die Ergebnisse dieser Untersuchungen lassen sich folgendermaßen kurz zusammenfassen:

1. Die Untersuchung der Glyceride des Chaulmugraöles bietet besondere Schwierigkeiten, da das Öl an der Luft sich leicht und schnell verändert (oxydiert).

2. Das Öl läßt sich durch Härtung vor Oxydation schützen und daraufhin gut verarbeiten. Dabei wurden für das gehärtete Chaulmugraöl folgende Glyceride gefunden:

    a) ein Dihydro-chaulmugro-di-dihydro-hydnocarpin vom Schmelzpunkt 30,7° (korr.) in einer Menge von etwa 79%,

    b) ein Dihydro-hydnocarpo-di-dihydro-chaulmugrin vom Schmelzpunkt 42,2° (korr.) in einer Menge von etwa 13%,

    c) als schwerlöslichstes Glycerid vielleicht Tripalmitin oder ein Stearo-dipalmitin in sehr geringen Mengen.

3. Hieraus kann die Schlußfolgerung gezogen werden, daß im natürlichen Chaulmugraöl die entsprechenden ungesättigten Glyceride Chaulmugro-di-hydnocarpin und Hydnocarpo-di-chaulmugrin in etwa den gleichen Mengen vorhanden sind wie die entsprechenden hydrierten Glyceride im gehärteten Chaulmugraöl.

4. Aus den Glyceriden ergibt sich unter Berücksichtigung der im gehärteten Öle vorhandenen freien Säuren die Zusammensetzung der Fettsäuren des gehärteten Öles zu ungefähr

    40% Dihydro-chaulmugrasäure
    59% Dihydro-hydnocarpussäure[1]).

5. Es wurde gezeigt, daß und in welcher Weise die bisher bei einem anderen Fette und Öle noch nicht beobachteten auffallenden physikalisch-chemischen Eigenschaften des gehärteten Chaulmugraöles, nämlich insbesondere niedriger Schmelzpunkt, hohe Refraktion und Leichtlöslichkeit, in der zyklischen Natur seiner Fettsäuren begründet liegen.

6. Durch Synthese mit Hilfe der Bleiseifen der Fettsäuren und Halogenhydrin wurden folgende neuen Glyceride dargestellt:

    α) Tri-dihydro-chaulmugrin vom Schmelzpunkt 51,0° (korr.).

    β) Tri-dihydro-hydnocarpin vom Schmelzpunkt 39,2° (korr.).

    γ) Di-dihydro-chaulmugrin vom Schmelzpunkt 60,7° (korr.).

---

[1]) Auch nach neueren Untersuchungen von A. L. Dean und R. Wrenshall (Journ. Amer. Chem. Soc. 1920, **42**, 2626) und Tadaichi Hachimoto (Daselbst 1925, **47**, 2325) bestehen 90—95% der Fettsäuren des Chaulmugraöles aus Hydnocarpussäure und Chaulmugrasäure.

Lebenslauf.

Am 15. Juli 1901 wurde ich, Horst Engel, als Sohn des Schneidermeisters Julius Engel zu Tilsit geboren. Von Ostern 1908 bis 1912 besuchte ich die Volksschule zu Münster i. W. Ostern 1912 ging ich zur Oberrealschule über, die ich im Frühjahr 1921 mit dem Zeugnis der Reife verließ.

Sodann widmete ich mich an der Universität zu Münster i. W. dem Studium der Chemie. 1924 und 1925 bestand ich die beiden Verbandsprüfungen. Seit Mai des Jahres 1925 bin ich an der Landwirtschaftlichen Versuchsstation zu Münster beschäftigt mit der Vorbereitung zum Doktorexamen und zur Staatsprüfung für Nahrungsmittelchemiker.

MIX
Papier aus verantwortungsvollen Quellen
Paper from responsible sources
FSC® C105338

If you have any concerns about our products,
you can contact us on
ProductSafety@springernature.com

In case Publisher is established outside the EU,
the EU authorized representative is:
**Springer Nature Customer Service Center GmbH
Europaplatz 3, 69115 Heidelberg, Germany**

Printed by Libri Plureos GmbH
in Hamburg, Germany